河流湿地资源利用与公园规划

——以山东省临沂市为例

谢宝东　著

化学工业出版社

·北京·

本书共 7 章，主要介绍了河流湿地公园的概念及其特点，自然资源和文化资源现状，重点讨论了湿地公园的保护、恢复和利用规划等内容，针对不同河流湿地的特征，从临沂市自然景观资源、民间工艺、人文景观资源、历史文化等方面提供了临沂市 5 个河流湿地的规划案例，希望通过对具体问题的探讨和解决为河流湿地公园资源保护和规划设计提供有益的参考与帮助。

本书具有较强的针对性和参考价值，可供从事湿地公园规划、设计的科研人员和管理人员参考，也可供高等学校环境科学与工程、生态工程、旅游及相关专业师生参阅。

图书在版编目（CIP）数据

河流湿地资源利用与公园规划：以山东省临沂市为例/
谢宝东著. —北京：化学工业出版社，2019.5
ISBN 978-7-122-33927-0

Ⅰ.①河… Ⅱ.①谢… Ⅲ.①河流-湿地资源-资源利用-
临沂②河流-湿地资源-公园-规划-临沂 Ⅳ.①P942.523.78

中国版本图书馆 CIP 数据核字（2019）第 029757 号

责任编辑：刘兴春 刘 婧　　　　　　文字编辑：刘兰妹
责任校对：边 涛　　　　　　　　　　装帧设计：王晓宇

出版发行：化学工业出版社（北京市东城区青年湖南街 13 号　邮政编码 100011）
印　　装：中煤（北京）印务有限公司
710mm×1000mm　1/16　印张 11　彩插 10　字数 210 千字
2019 年 5 月北京第 1 版第 1 次印刷

购书咨询：010-64518888　　售后服务：010-64518899
网　　址：http://www.cip.com.cn
凡购买本书，如有缺损质量问题，本社销售中心负责调换。

定　　价：78.00 元　　　　　　　　　　版权所有　违者必究

"关关雎鸠，在河之洲。窈窕淑女，君子好逑……"，《诗经》描述的场景就是湿地。被王国维称为"最得风人深致"的《诗经·蒹葭》："蒹葭苍苍，白露为霜。所谓伊人，在水一方……"，描述的场景也是湿地。回顾人类社会发展的历史会发现，任何一种古老文化的发祥地都是在水域附近。水孕育了生命，湿地造就了人类的文明。

作为生命与人类赖以生存和发展的影响因子之一，湿地除了为人类提供生存的环境和丰富的食物、工业原料、药材、燃料等多种产品外，还具有重要的环境生态功能，在调节气候、蓄洪防旱、补充地下水、调节径流、净化环境、处理污水、吸收和降解有毒物质等方面具有一系列的生态作用，被誉为"地球之肾"。

我国湿地类型齐全、数量众多，具有类型多、绝对数量大、分布广、区域差异显著、生物多样性丰富等特点。多年来，国家各级政府部门高度重视湿地保护工作。2001年由国家林业局等部委编制的《中国湿地保护行动计划》正式颁布。2004年国务院办公厅下发《关于加强湿地保护管理的通知》。2005年国家林业局下发《关于做好湿地公园发展建设工作的通知》。2012年中央提出了推进生态文明和美丽中国建设的战略部署，明确提出要扩大湿地面积。2013年山东省施行《山东省湿地保护办法》，相关政策的制定为湿地保护、湿地公园建设创造了前所未有的发展机遇。

临沂市河流纵横，沂河、沭河等一级、二级河流有25条。河流四季流水，九曲环绕。河中沙洲、绿洲、沼泽星罗棋布，千姿百态，草长莺飞，野鸭簇动；两岸河滩广阔，植被丰富；沿途林果、花卉、苗木连绵不断，郁郁葱葱。河流生态功能的发挥对于维护临沂乃至淮河流域的水质安全具有重要意义；临沂河流湿地景观优美，植物资源非常丰富，是众多鸟类理想的栖息地；湿地位于沂蒙山区，周边人文资源丰富，民俗底蕴厚重，具有开展湿地保护与生态旅游的区域优势和基础。

但毋庸讳言，人们对湿地的破坏也日趋严重。这与经济的快速发展有关，缺乏有效的湿地保护措施也是重要的因素之一。

临沂市政府十分关注生态环境、重视湿地公园建设，已开展了湿地水质净化、植被营造等项目，极大地改善了河流水质，取得了良好的效果。临沂市希望以建设湿地公园为契机，进一步改善和维护河流的生态环境，科学合理地开发湿地旅游资源，为百姓打造一个接触自然、休闲放松的绝佳胜地。

临沂市河流湿地公园规划以维护湿地健康为重点，以展示湿地生态功能为宗旨，以体现沂蒙文化为特征，以亲历湿地的娱乐休闲活动为亮点，营造人与自然和谐共存的优美环境，促进湿地保护与合理利用的协调发展。通过挖掘河流湿地休闲娱乐功能，规划明确了湿地公园未来建设的方向、特色和主要内容，强调社区参与，考虑当地居民的利益，以树立临沂市河流湿地公园的品牌形象，为林业建设和森林城市创建做出贡献。

本书源于2011年的临沂市兰山区祊河省级湿地公园建设项目，随后又陆续做了汤河、李公河等河流的省级湿地规划项目。在此过程中认识到湿地的保护和利用、乡土和现代、文化和经济是湿地可持续发展的主旋律，并尽力在规划设计中突出这一特点。

本书内容结合作者及其团队多年的科研成果，其中特别感谢霍宪起老师，其在湿地规划材料的收集、撰写和规划图绘制等方面做了大量工作。本书的出版凝聚着大家的艰辛和汗水。

限于著者水平和编写时间，书中不足和疏漏之处在所难免，敬请读者提出修改建议。

著　者

2018 年 12 月

目录
Contents

第3章　河流湿地资源保护和利用规划　/ 038

第 **1** 章　河流湿地概述

1.1　河流湿地与湿地公园

1.1.1　河流湿地

湿地是陆地和水域交汇之处所形成的独特景观区域，包括水深不超过 2m 的低地、土壤充水较多的草甸、低潮时水深不过 6m 的沿海地区。湿地分为天然湿地和人工湿地两种类型。

河流湿地是呈线状分布的天然或人工湿地，将河流的上、中、下游的生态系统连成一体，并将湖泊、沼泽、水库和河流本身连成一片；是以河流水体、岸堤廊道所构成的自然景观为主体，融合区域文化为一体，集生态保护、旅游娱乐和生态休闲等功能于一身的生态湿地。

湿地既不像陆地生态系统那样干涸，也不像水体生态系统有永久性深水层，水文条件是湿地属性的决定性因素。依据湿地水流的渗透和季节变化将河流湿地分为如下 3 类。

（1）永久性河流湿地

包括河床和河流中面积小于 $100hm^2$ （$1hm^2 = 1 \times 10^4 m^2$，下同）的水库或者水塘。

（2）季节性（或间歇性）河流湿地

季节性河流湿地所占比例较大，河流湿地多为此类。开发和利用该类型湿地，保证湿地本身需水量和供水水源是其建设关键。采取多水源联合供水，以一次性水库或河流注水和地下水日常补给相结合，保证湿地的水位和水质常年稳定。

（3）洪泛平原湿地

是指被河水泛滥时淹没的两岸地势平坦区域，包括河滩、河谷及季节性泛滥的草地。

在规划实践中，河流湿地大多包含上述 3 种不同类型的区域，但比例和面积大小有差异。

1.1.2　河流湿地的特点

1.1.2.1　多样化的生境

由于河道蜿蜒曲折、河水具有流动性和开放性，河流的上、中、下游相互联系，形成了主流、支流、浅滩、激流和河湾等多样化生境。这种河流上、中、下游的异质性交融汇合造成河流区域的生境多样化，从而为河流生态系统物种多样化提供了得天独厚的自然条件。

1.1.2.2　多样化的景观

河流湿地的结构表现在环环相扣的地形地貌、植物、动物 3 个层次上。

① 地形地貌是从陆地到草滩、泥滩、浅水区，直至深水区。

② 相对应的植物分布是陆生植物、湿生植物、挺水植物、沉水植物、浮水植物和浮游植物。

③ 相对应的动物分布是陆生动物、两栖动物、底栖动物和鱼类。

以湿地为生境的鸟类有留鸟、涉禽和水禽。这些生物在湿地生态系统中占据不同的生态位，相互联系、相互依存，共同维护湿地生态系统的功能和景观多样性。

1.1.2.3　多样化的文化

湿地文化是人类在对湿地的认识、利用和改造过程中所创造的物质财富和精神财富的总和，体现在下述 3 个方面。

（1）湿地孕育并逐步发展形成了人类数千年的文明

湿地是天然的水库、淡水之源，而水源地是人类的栖居之处，通过提供各种动植物和水产品，蓄水、调水、净水，以此来满足人类生存最大和最基本的需求。目前的稻作文化、盐田文化、湖泊文化、山水文化、海滩文化、沼泽文化、荷花文化、水禽文化，以及三角洲文化、运河文化、芦苇文化、红柳文化等文化形态，都是与人们生活息息相关的湿地文化形态。

（2）广袤的湿地、多样的生物种类造就了湿地的野性

湿地里茂盛的植被和发达的水系为大量的鸟、兽提供了理想的生存环境，

野兔、野鸡、野鸭、苍鹰、泽蛙、水蛇、黄鼬、刺猬等都是湿地内常见的动物，在大自然的食物链中它们扮演了不同的角色，相互斗争与合作，展现出湿地野性和希望的魅力。

（3）湿地还是一些重要历史事件的发生地

包括古战场旧址、最早的聚居点、重要历史的研究地等，这类具有历史意义的地点构成了湿地文化的重要组成部分。例如，江苏省连云港市的将军崖原始岩画和孔望山摩崖造像，记录了我国东部沿海的早期文化，而山东省临沂市的孟良崮战役遗址成为革命传统和爱国主义教育基地。

1.1.3　湿地公园

湿地公园的概念源于生态旅游以及湿地资源本身的生物多样性和文化多样性，具有较高的旅游价值、环境教育功能及社区参与功能。目前，国外相关研究已从"国家公园中的湿地"向"湿地研究公园"转变。相比而言，国内对"湿地公园"概念的提出更具有鲜明的主体性，但目前出现了湿地公园、湿地生态公园、城市湿地公园等概念，国内外对湿地公园概念的界定尚未统一。

一般认为，湿地公园不同于一般湿地和湿地保护区，它是具有一定的能保持湿地生态系统完整性、典型性、独特性及利用便捷性的区域，通过合理的生态布局加以保护性利用，以科普、教育为宗旨，以休闲和生态旅游为基本利用方式。

也有人认为，湿地公园是拥有一定规模和范围，以湿地景观为主体，以湿地生态系统保护为核心，兼顾湿地生态系统服务功能展示、科普宣教和湿地合理利用示范，蕴涵一定文化和美学价值，可供人们进行生态旅游和科学研究，予以特殊保护和管理的湿地区域。

设立湿地公园至少满足 2 大条件：a. 规模面积 $300 \sim 500$ 亩❶以上；b. 内容符合《国家湿地公园总体规划导则》设置要求。

河流湿地公园是以保护河流湿地生态系统，合理利用河流湿地资源为目的，可供开展河流湿地保护、恢复、宣传、教育、科研、监测、生态旅游等活动的特定区域。

依据河流湿地公园建设目的和性质的差异可分为如下 2 类。

---

❶ 1 亩 $\approx 666.7 \mathrm{m}^2$。

① 修复受损湿地而建的河流湿地公园。为有效遏制填河造田等侵占湿地的现象，该类型将增加湿地面积，保证湿地的安全性。这类湿地公园可进行污水净化处理和生物多样性保护。

② 依托河流湿地的景观、历史文化特色，创造不同于湖泊湿地、库塘湿地、沼泽湿地公园等类型，而具有河流专属特色的湿地公园。例如本书中的汤河湿地公园，则突出海棠、荷花等景观以吸引游客。

1.2 湿地保护和湿地公园建设现状

1.2.1 湿地保护面临的问题

由于对湿地缺乏足够的认识，缺乏有效的保护，致使湿地生态环境发生很大变化，威胁着经济与生态的可持续发展。

湿地保护体系存在很多问题，主要体现在以下 5 个方面。

① 人们对湿地生态价值和社会效益认识不足，加上保护管理能力薄弱，一些地方仍在开垦、围垦和随意侵占湿地，特别是近几年一些地方出现的把湿地转为建设用地的行为。

② 过度利用生物资源，致使野生动植物、自然鱼类资源受到很大破坏，严重影响这些湿地的生态平衡，威胁其他生物种类的安全，如褐马鸡、绿尾虹雉等 300 多种陆生脊椎动物处于濒危状态。

③ 不合理利用湿地水资源，使一些地区（如西北、华北部分地区）湿地严重退化；一些河流水利工程的修建导致湿地水体发生变化，湿地水流中断、萎缩甚至消失。

④ 大量使用化肥、农药、除草剂等化学物质给地表水体造成严重污染，河流水体质量下降。

⑤ 由于江、河上游的森林砍伐影响了流域生态平衡，使河流中的泥沙含量增大，造成河床、湖底淤积，使湿地面积不断减小，生态功能衰退。

1.2.2 湿地保护措施

1992 年我国加入拉姆萨湿地保护公约，同年 6 月制定了《中国 21 世纪议程》，将湿地保护和合理利用列入议程并作为优先项目。1996 年"湿地国际中国项目办事处"在北京成立。截至 1999 年年底，已建立各种湿地自然保护区 260 处，保护面积约 $1.6 \times 10^7 \, \text{km}^2$。2000 年国家林业局编制并公布了《中国湿地保护行动计划》，对湿地保护和利用的认识达到了一个新高度，即"保护湿地是为了保护其独特的生态、社会和经济功能，特别是保护湿地在提供淡水资源、蓄洪防旱、控制环境与污染等方面的功能和效益"。

我国湿地分布面积广泛、自然湿地类型多样、生物物种十分丰富。目前的湿地保护主要是以保护湿地生态系统和抢救湿地野生动植物种类多样性为重点，建立不同级别、不同规模的湿地自然保护区，以形成湿地自然保护区网络。湿地公园建设是保护湿地的一种切实可行的措施。

近年来，山东省临沂市实施了 18 处国家、省级湿地公园的保护恢复工程，坚持以自然恢复为主、与人工辅助恢复结合的方式对功能退化的湿地进行修复整治，湿地功能得到有效恢复，如表 1-1 所列。沂沭河国家湿地公园将污水处理和湿地保护相结合，在河流入口进行污水处理，经过人工湿地再进一步净化，有效遏制了自然湿地的萎缩和生态功能的下降，河流生态水量得到基本保证。

表 1-1 临沂市水系绿化状况

县（区）	水系类型	水系名称	县（区）内长度/km	适宜绿化长度/km	已绿化且达标长度/km
兰山区	河流	沂河、祊河等	147.2	131.8	131.8
	水库	施庄子水库等	45.0	41.0	41.0
河东区	河流	沂河、沭河、汤河	124.0	124.0	124.0
郯城县	河流	沂河、沭河	497.0	452.3	452.3
	水库	黑龙潭水库等	22.9	6.17	6.2
兰陵县	河流	西泇河	325.0	260.0	224.0
	水库	会宝岭水库	69.7	69.7	60.0
莒南县	河流	沭河、龙王河、浔河、鸡龙河等	1708.0	1628.0	1237.2
	水库	陡山、虎园、相邸等	301.30	272.0	61.1
沂水县	河流	沂河、沭河	801.3	760.9	760.9
	水库	跋山水库、沙沟水库	96.8	89.4	89.4
蒙阴县	河流	东汶河、梓河、蒙河、其他河流	728.0	704.0	658.0
	水库	岸堤水库等	365.0	365.0	282.0
费县	水库	许家崖水库等	200.0	120.0	100.0
沂南县	河流	沂、汶、蒙三河	163.0	163.0	106.0
临沭县	河流	沭河	115.0	110.0	95.0

续表

县（区）	水系 类型	水系名称	县（区）内 长度/km	适宜绿化 长度/km	已绿化且达标 长度/km
高新技术 产业开发区	河流	南涑河	14.1	12.0	0.0
临港 经济开发区	河流	绣针河、龙王河	27.8	24.0	7.0
合计			5751.1	5333.3	4435.9

1.2.3 临沂市河流湿地公园建设

临沂市位于山东省东南部，东连日照，西接枣庄、济宁、泰安，北靠淄博、潍坊，南邻江苏。地跨北纬 $34°22' \sim 36°13'$、东经 $117°24' \sim 119°11'$，总面积 17191.2 km^2，人口 1124 万人，是山东省面积最大和人口最多的地级市。

临沂市生态环境优美。境内蒙山为国家级森林公园和 4A 级风景区，有"天然氧吧"和"养生长寿圣地"之称；沂河、沭河流域面积占全市总面积的76%，在市区形成了 57 km^2 的水面，滨河风景区已成为全国最大的城市湿地。

临沂市湿地总面积 $5.8 \times 10^4 hm^2$，其中河流湿地面积 $3.3 \times 10^4 hm^2$，人工湿地面积 $2.5 \times 10^4 hm^2$。湿地总面积占全市总面积的 3.4%，河流湿地面积占湿地总面积的 56.7%。

目前，临沂市拥有国家湿地公园 10 处（其中国家湿地公园试点单位 7处）、省级湿地公园 12 处、国家城市湿地公园 2 处，湿地保护总面积 $3.5 \times 10^4 hm^2$，占全市湿地面积的 60%。到 2022 年，临沂市将建设国家级和省级湿地公园达到 30 处，湿地面积不低于 $8.7 \times 10^4 hm^2$，其中自然湿地面积不低于 $5.0 \times 10^4 hm^2$，新增湿地面积 $1.0 \times 10^4 hm^2$，湿地保护率提高到 70%。

24 处国家级和省级湿地公园分别如下。

（1）国家湿地公园

武河国家湿地公园、沭河国家湿地公园、莒南鸡龙河国家湿地公园，共 3 处。

（2）国家湿地公园（试点单位）

沂南汶河国家湿地公园、汤河国家湿地公园、沂沭河国家湿地公园、云蒙湖国家湿地公园、沂水国家湿地公园、平邑浚河国家湿地公园、兰陵会守宝湖国家湿地公园，共 7 处。

（3）省级湿地公园

临沂祊河省级湿地公园、临沂兴水河省级湿地公园、平邑金线河湿地公园、平邑仲子河湿地公园、郯城白马河湿地公园、临沭苍源河湿地公园、兰山柳青河省级湿地公园、莒南洙溪河省级湿地公园、费县紫荆河省级湿地公园、费县荷花湾省级湿地公园、费县涑河源省级湿地公园、临港经济开发区绣针河省级湿地公园，共12处。

（4）国家城市湿地公园

滨河景区国家城市湿地公园、双月湖国家城市湿地公园，共2处。

目前，临沂市已制定了国家和省级湿地的提升规划，如表1-2所列。

表1-2 临沂市湿地公园建设提升规划

县（区）	面积/hm²	湿地名称	建设地点	现有级别	晋升级别	建设性质
临沂城区	3600.18	滨河国家城市湿地公园	临沂城区	国家	提升	
兰山区	504.00	祊河省级湿地公园	祊河（小戈庄至花园村）	省级	国家级	新建
罗庄区	1333.00	武河国家湿地公园	黄山镇	国家	提升	
河东区	495.00	汤河国家湿地公园	八湖、汤河中下游河滩	国家	提升	
郯城县	364.00	白马河省级湿地公园	马陵山南麓至苏鲁省界	省级	国家级	新建
莒南县	1277.00	鸡龙河国家湿地公园	莒南县城北	国家	提升	
沂水县	3394.00	沂水国家湿地公园	跋山水库、沂河河道	国家	提升	
蒙阴县	6160.00	云蒙湖国家湿地公园	蒙阴县东汶河下游段、云蒙湖、梓河入湖口	国家	提升	
	1400.00	梓河湿地公园	梓河与坦埠西河交叉口	省级	新建	
平邑县	1746.00	浚国家湿地公园	平邑县平邑镇	国家	提升	
	587.00	兴水河省级湿地公园	平邑城区西部	省级	国家级	新建
	459.00	金线河省级湿地公园	安靖水库、金线河	省级	国家级	新建
	262.00	仲子河省级湿地公园	仲村镇	省级	国家级	新建
沂南县	2720.00	汶河国家湿地公园	张庄镇、依汶镇、界湖街道办事处	国家	提升	
临沭县	1312.00	沭河国家湿地公园	临沭县沭河及沭河古道	国家	提升	
	654.00	苍源河省级湿地公园	凌山头水库入水口至崇山子西苍源河桥	省级	国家级	新建
经济技术开发区	2911.00	沂沭河国家湿地公园	开发区沂河、沭河、分沂入沭人工河及李公河	国家	提升	
临沂高新区	1000.00	后黄埝湿地公园	罗西街道后黄埝村	省级	新建	
蒙山旅游区	198.00	孝义湖湿地公园	柏林镇孝义湖至文泗公路	省级	新建	

1.3 湿地公园规划研究

1.3.1 湿地公园研究

作为一个新兴领域，湿地公园研究还未形成自身完整的理论体系，需借鉴相关成熟理论，运用相关学科的研究方法，通过大量个案形成湿地公园研究的理论体系。根据湿地公园建设运行及其发展的进程，可将其研究理论概况为保护修复理论、规划理论、建设运行理论和管理理论4个方面。该体系在实践中具有较强的可操作性。

湿地公园生态系统是湿地公园研究的主要内容，其由下列3个部分组成。

1）湿地生态系统 湿地的组成、结构、功能和演化，植被、水文、土壤，湿地景观，湿地保护和恢复。

2）生态旅游系统 生态旅游规划设计，公园建设和运行，生态旅游经营和管理，生态影响、评价和修复。

3）社会经济文化等因素的影响 自然、地理和资源，历史、文化和传统习俗，经济和技术投入水平，社区的共建共管。

1.3.2 湿地公园规划研究

湿地公园规划提出了人类对湿地的合理利用方式，强调在景观利用层面上的土地规划和保障功能实施下的管理规划，包括分析与评价、目标与发展战略、支持系统规划和保障实施4个层面。为保证湿地公园建设的科学和规范，国家林业局2008年12月出台了《国家湿地公园建设标准》，提出了湿地公园建设的指导思想、建设目标、基本条件、总体布局、规划设计和功能分区等，并指出湿地公园要确保七个方面的工程建设。但建设标准只是给出了宏观的要求，具体建设中的标准需要进一步加强规划和实证研究，如保护工程中生态缓冲区的控制，生态驳岸的设计等。目前的湿地公园规划研究主要集中在植被景观规划和保护恢复工程规划方面，其他研究较为匮乏。

湿地公园规划的内容应包括下述7个方面的内容。

① 湿地保护和恢复规划。

② 湿地景观和利用规划：水体景观、植被景观、人文景观。

③ 湿地宣传教育规划：解说和宣传教育标识系统、宣传教育中心。

④ 湿地科研监测规划。

⑤ 湿地生态旅游规划：指示牌、旅游步道、交通工具等。

⑥ 湿地安全、卫生规划。

⑦ 湿地管理能力建设规划。

1.3.3 临沂河流湿地公园性质定位和规划原则

1.3.3.1 性质定位

根据河流湿地的生态、环境、资源和区位特点，湿地公园性质定位如下。

① 保护河流湿地生态系统的完整性和生态服务功能。

② 保障湿地生态系统安全。

③ 展示、体验湿地景观。

④ 进行湿地科普、宣教、科研。

⑤ 满足湿地休闲、娱乐、旅游、集会的需求。

总之，临沂河流湿地公园是以资源保护与修复为前提，以生态系统和历史文化为表现形式，以观光旅游、科普教育、湿地休闲游赏、田园风情体验为主要内容的综合性湿地公园。

1.3.3.2 规划原则

（1）保护优先，合理利用

规划突出生态主题，保护湿地的功能和生物多样性，发挥湿地改善生态环境、湿地休闲和科普教育等方面的作用。正确处理资源保护与旅游活动、近期建设与远期利用的矛盾，协调经济效益与社会效益、生态效益三者间的关系，在保护的前提下进行合理利用和适度建设。

（2）最小干预

河流是湿地生态体系与人类渔耕、农耕文化不断演替而成，具有非常突出的独特性，在湿地公园建设中应突出这一特征。尊重湿地自然生态的演替过程，尊重人类在湿地上的渔耕文化、农耕文化的历史积淀，尽量对湿地的原生态进行保护与恢复，坚持最小干预的原则。

（3）因地制宜，科学布局

充分利用湿地公园建设范围内现有的地形、地貌和区位场地条件，因地制宜地进行项目的规划布局，减少项目建设工程量。注重沂蒙文化，突出沂蒙特色。注重湿地原生态景观的利用和修复，突出地域景观特色，利用湿地公园潜在的景观、环境及地方历史、民俗文化等资源，进行功能布局，充分利用和体现项目区的历史文化、生态文化及资源特色，突出个性，创出新意。

（4）全面规划，分期实施

根据湿地公园资源状况、保护对象和周边经济发展现状，进行全面规划，并根据资金投入、轻重缓急和现有条件分期建设。

（5）具有可操作性

规划是工程建设的前提，为管理服务，是政府管理部门依法保护、建设和管理湿地公园的依据。从实际出发，保证规划的可操作性与实践指导意义。通过制定分区规划，在分区层次上控制用地性质、人类活动和设施建设，从而使管理者可以依据分区控制的要求，实施有效管理。

（6）以人为本

湿地的保护利用要注意保护村民的合法利益，合理协调保护建设与农民利益之间的关系。在规划区域内，农民的根本利益（经济收入提高、生活环境改善、生活质量提高）与湿地的保护建设目标是一致的，在湿地的保护建设中应针对农民拆迁安置出台相关政策，保护农民利益，坚持以人为本的原则。

（7）分区规划

根据用地现状和资源保护与利用的有关要求，按照自然、人文单元完整性的原则，将规划区分为生态保育区、恢复重建区、宣教展示区、合理利用区、管理服务区5个区域。实行分区管理，分别设立管理目标，制定技术措施。

1.4 临沂市河流湿地公园评价

1.4.1 湿地公园发展的优势与劣势

1.4.1.1 优势

（1）国家重视湿地保护

我国现有湿地面积 $6.5 \times 10^7 hm^2$，约占世界湿地总面积的10%，居亚洲第一位，世界第四位。现在我国已经建立湿地自然保护区263处，其中有7

处进入国际重要湿地保护名录。2000年我国政府发起了中国湿地保护行动计划，使我国湿地保护向着统一、有效的方向发展，并争取到4000多万美元国际资金的支持。

（2）当地政府高度重视湿地公园建设

临沂市政府对建设湿地公园十分重视，多次举办了湿地保护和开发专家咨询会议、湿地公园规划设计汇报会，成立了临沂市湿地保护管理中心，负责组织协调工程建设相关事项。

（3）河流水位比较稳定

临沂河流常年水位比较稳定，多条河流建有橡胶坝以调节水量，如祊河花园村橡胶坝回水后，最高水位为52.1m，枯水期水位为51.5m，变化为60cm，稳定的水域有利于人工湿地形态的营造。

（4）资源独特

临沂河流湿地位于温带半湿润大陆性季风气候区，四季分明，雨热同期。冬季寒冷，雨雪资源丰富，春季多风，气候相对湿润，夏季湿热，雨量充沛，秋季凉爽，降雨较多，是北方的"小江南"。例如，大面积以芦苇为主的湿地自然景观在我国江北农区是非常少见的，是极具特色的旅游资源，加上沟渠纵横，池塘连片，呈现了南方水乡的自然景观，这对于北方游客具有很强的吸引力。

（5）独特的沂蒙文化

蒙山高、沂水长、沂蒙山区好地方。沂蒙文化底蕴深厚，承载了千百年时代变迁留下的丰富历史文化。例如，位于汤河岸畔的汤泉，以"野馆空余芳草地，春风依旧见遗踪"而著名，"汤泉野馆"因此成为"琅琊八景"之一。众多的历史文化遗迹为河流湿地增添了无穷的文化魅力。

（6）生态环境优良

临沂河流湿地生物种类繁多，生态群落稳定，空气质量达到一级标准，形成了相应的人文生态环境，构成了组成要素多元化、功能综合化、吸引力强、特征明显的生态景观体系，其对于生活在喧嚣都市的人们来说有着巨大的吸引力。

（7）交通便利

临沂河流湿地公园位于日照市、枣庄市、连云港市、潍坊市之间，临近省会济南和海滨城市青岛，京沪高速公路穿境而过，南距327国道3km，公园附近公路四通八达，交通便捷，为吸引外地远程客源提供了必要的外部条件。

1.4.1.2 劣势

（1）生物多样性较低

现有湿地植物群落较少，森林植被的主要树种有杞柳、杨、柳、银杏、槐、榆等，林木覆盖率在 25% 左右。由于垦植活动，原始草甸植被已经越来越少，草甸植被中野生草类品种长期以来随着土地的开发利用，面积越来越少，只零星分布于田边地头、路旁和沟堤，或河滩的林木下。河流周围农作物以小麦为主，其次为玉米、红薯、大豆等，主要经济作物为大蒜、瓜果、蔬菜等。

（2）土壤比较贫瘠

多年的河水冲刷使得某些河岸边的土壤呈现严重的砂质，不利于作物生长，又有不合理的开发垦植更是使河域内土壤贫瘠。

（3）暴雨季节性强

在该区域，暴雨具有明显的季节性，6~9 月为暴雨季节，其中以 7 月降雨量最多，暴雨中心出现的地点常受地形及天气系统的影响，而具有一定的规律性。本流域大范围、长时间降水多数由切变线和低涡连接出现造成，其特点是范围小、强度大、历时短。

（4）水质污染较严重

由于工业发展、城区扩张，工业与生活污水排放量和周边农业化肥农药施加量增加，每天有大量的污水进入河流，致使河水水质污染严重。河水水质的污染威胁着湿地动植物的生存，近年来虽加大了河流环境污染治理力度，但其可持续性有待进一步加强。

（5）基础设施较差

公园内必要的保护及游览配套设施，如湿地场馆、游船、码头、游客服务中心、步道和必要的安全设施等尚处于初步规划、实施阶段。

1.4.2 湿地公园建设面临的机遇与挑战

1.4.2.1 机遇

（1）社会重视湿地公园的建设

近年来，我国加快了湿地公园建设的步伐。2005 年 8 月，《国家林业局关于做好湿地公园发展建设工作的通知》中强调：扩大湿地面积，对自然湿地实施抢救性保护将是我国当前和今后一段时期湿地保护的重点任务。同年，国家林业局下发了申报国家湿地公园的通知，并批准了杭州西溪、江苏姜堰等首批国家湿地公园的建设工作。

（2）湿地特色优势

根据国际湿地的开发经验，具有下列特征的湿地具有强大吸引力。

① 拥有濒危、稀有或受危的物种、生境、群落、生态系统或自然过程的湿地。

② 地域广阔，未受干扰的湿地。

③ 拥有高度生态多样性的湿地。

临沂河流湿地公园湿地生态系统基本具有上述特征。所以，公园的开发利用，既有资源优势又有市场机遇。

1.4.2.2 挑战

湿地公园的区位优势决定了游客量较大，如果管理跟不上，无序建设会引起湿地生态系统功能的下降，物种多样性将受到威胁。

随着旅游开发的深入和旅游业的发展，特别是随着游客量的增长，自然环境和纯朴的自然风情将遭到一定程度的破坏，部分富有地方特色的传统、风俗、习惯等可能逐渐丧失。在今后的开发过程中，在利用和保护之间寻找一个合适的切入点成为解决问题的关键。

第2章 河流湿地景观与文化资源

河流湿地主要由河域、耕地、林地、果园、鱼塘组成，有着旖旎的自然风光、浓郁的田园风情等。按照资源类型的特征可分为自然景观资源、民间工艺、人文景观资源、历史文化资源 4 大类。

2.1 自然景观资源

2.1.1 水域景观

水是湿地最主要的生态旅游资源，主要水域景观有河流、河塘、滩涂、溪流等。湿地内碧水环绕、如诗如画，其水文景观蕴含着动与静的神韵和灵与秀的气质，独具江北"鱼米之乡"之景色。阳春时节，薄冰融化，苇蒲萌生，柳丝初绽，碧波蓝天，一派勃勃生机；盛夏，雨过水涨，鸭戏鸟鸣（见图 2-1），苇蒲滴翠，莲叶接天，荷花映日，烟雨凄迷，人在台田小屋中听哗哗流水、看风雨如烟，堤柳摆枝，芦苇弯腰，别有一番情趣；金秋，是岸边

(a)   (b)

图 2-1　汤河夏季的白鹭和野鸭

的丰收季节，苇花笼云，稻花飘香。冬季降临，一场大雪过后，湿地银装素裹，一些鸟儿仍会驻守在湿地，或空中飞翔，或林中觅食，与逆境顽强地抗争。

2.1.2　植物景观

湿地植物景观主要有芦苇、垂柳、杞柳、香蒲、荷花等，多种植物构成湿地的植物群落景观。

2.1.2.1　芦苇荡景观

湿地植物主要以芦苇为主，形成千亩苇荡景观。河面上绿苇摇曳，沟渠内绿水浮鸭，岸边翠柳摇风。如图 2-2 所示。

(a)　　　　　　　　　　　　　(b)

图 2-2　苍源河的芦苇

芦苇生命力强，形成单优势种群，其形成的景观十分独特，季相变化明显。春夏季节，翠绿欲滴的芦苇碧波荡漾；金秋时节，乳白的苇穗在晨曦中摇曳，仿佛海市仙境；隆冬时节芦花飞扬，像漫天的白雪随风飘荡，情趣万千。

2.1.2.2　林相景观

自湿地利用建设以来，在祊河等河流岸边、河道旁栽植了许多垂柳、雪松、淡竹、杞柳、银杏等（见图 2-3），形成湖光水色、杨柳依依、清竹郁林的景观，点缀了湿地自然风景。早春季节桃红柳绿，春风拂煦，使湿地生机勃勃，春意盎然；夏日，杨柳树荫斑驳，湿地景色更加秀美。

(a)　　　　　　　　　　　　　　　　　(b)

图 2-3　祊河湿地植物景观

2.1.2.3　莲荷景观

连片的万亩荷花塘，景色宜人。盛夏 7 月，荷花盛开，如霞似火，形成一道靓丽而独特的风景线。"接天莲叶无穷碧，映日荷花别样红"正是莲荷景观的真实写照。亭亭玉立的荷花，出淤泥而不染，引得游人流连忘返。如图 2-4 所示。

(a)　　　　　　　　　　　　　　　　　(b)

图 2-4　李公河畔的荷花池

2.1.2.4　其他水生植物景观

其他水生植物资源主要包括：香蒲、灯芯草、水芹、水葱、鸭舌草、慈姑、泽泻等挺水植物；睡莲、芡实、眼子菜、凤眼莲、浮萍等浮水植物；还有沉水植物、漂浮植物等，均具有较高的景观价值。

2.1.3　野生鸟类景观

湿地特有的生态环境，栖息着众多的珍禽异兽，特别是鸟类景观资源，形成一道靓丽的风景线。浩荡的芦苇，锦簇的荷花，成为多种水鸟的繁殖地、越冬地或迁移途中的停歇地。一年四季成千上万的水鸟在此栖息、取食、繁衍，使湿地成为鸟的世界。每至迁徙季节，候鸟和旅鸟成群结队，或翱翔蓝天或漫游水面，在这片广袤的湖面上尽情嬉戏。而夏季乘船游览，水面上野鸭嬉戏、白鹭翔舞（见图 2-5），芦苇荡内苇莺齐鸣，自然野趣横生。

图 2-5　沂河边的白鹭

2.1.4　天象景观

天象景观主要指日月星空、云霞雨雾所构成的景观。湿地内除将个别景点结合作为天象景观点（荷花映日、红霞映射、皓月当空）外，其余天象景观则由游人应时、应地观赏，不作为固定观赏点。

2.2　民间工艺

2.2.1　琅琊石刻

临沂市内优质石材主要有燕子石、金星石、徐公石、薛南山石、紫金石等。这些石材除各具特色外，均有质地莹润、坚而不顽、纹理奇特、色彩柔和等特点。用这些石材雕刻的工艺品，称为琅琊石刻（秦汉时临沂为琅琊郡，故名）。琅琊石刻品种繁多，有文房用品、茶具、酒具、花鸟虫鱼、花插盆景等。临沂汉墓中出土的燕子石挂饰等证明，早在汉代就有人开始用燕子石制砚和壁饰等工艺品。北宋时代琅琊紫金石所制"右军砚"备受文人墨客所推崇。

2.2.2 沂蒙香荷包

香荷包是流传于鲁东南地区民间的一种荷包，具有沂蒙地方风格，用布的脚料和花线缝制，至今有四五百个品种，且仍在继续发展（见图 2-6）。香荷包多以沂蒙人喜欢的传统色彩大红、大绿、粉红、黑 4 种颜色为基调，加之巧妙艺术构思形成绚丽多彩、寓意不同的荷包。常见花色有龙凤呈祥、莲生贵子、五福拜寿、八仙过海等。香荷包内装有香附子、艾叶、朱砂、陈香等。

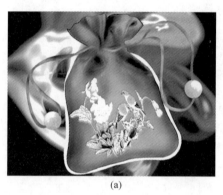 

(a)　　　　　　　　　　　　　　　　(b)

图 2-6　沂蒙香荷包

2.2.3 火笔画

"火笔画"，又称烙画、烫画，用特制高温铁笔，借鉴国画技法，运用远近虚实、浓淡相间的方法，烙画而成，其特征是以"铁"作笔，以"火"为墨，在木板、竹黄、宣纸、绫绸等不同材料上作画。作品大至数丈，小不足盈尺，具有极高的艺术欣赏价值和收藏价值。烙画起源于西汉，兴盛于东汉宫廷，距今已有 2000 多年的历史。由于连年灾荒战乱，烙画工艺曾一度失传。直到明末清初，才走进民间并逐步流传开来。如图 2-7 所示。

民间出现多位火笔画艺术家，许洪刚便是其中一位。河东区汤河镇许洪刚，1992 年退伍后，其发挥油画、国画特长，专研火笔画，相继创作了《八

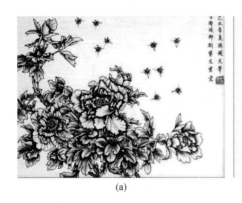

(a)　　　　　　　　　　　　(b)

图 2-7　火笔画

仙过海》《金陵十二钗》《中国古代四大美女》《弥勒佛》等系列作品。2006
年，许洪刚被评为临沂市十大民间艺人，同年 6 月在山东国际文博会获大奖，
2008 年被临沂市文化局评为十大民间剪纸艺术大师。

2.2.4　汤河柳编

河东区汤河镇杞柳栽培和加工历史悠久，自明代就享誉九州，明朝永乐
年间，汤河镇部分村庄的村民，就将茅草、玉米皮、柳条等编制成地毯、墩
子、草鞋、蓑衣，将木柳编织成逢年过节出门串亲戚的筅子、生活用的簸箕，
供人们生产和生活使用。随着近年来国际市场对绿色、环保的重视，手工柳
制工艺品需求量不断增加，柳编业也向规模化发展。柳编主要技法有平编、
纹编、勒编、砌编、缠编等五种。主要柳编产品有箩筐、簸箕、水斗、笆斗、
大车拦箔、小车偏篓、粪箕、粮囤仓围、柳条帽、柳条箱（包）、菜篮、笊
篱、笸箩、苇箔、花盆、吊篮、果盘等（见图 2-8）。柳编已成为汤河镇利用

(a)　　　　　　　　　　　　(b)

图 2-8　汤河柳编

本地资源优势进行深加工，并形成种类繁多新产品的重要产业，对于当地社会经济的发展发挥了重要作用。

故汤河镇有"柳编之乡"的美誉。

2.2.5 褚庄泥玩

河东区褚庄制造泥塑玩具已有340余年的历史。以当地特有的泥土为原料，经掺水搅拌均匀后，用泥模精心塑出各种造型，晾干后放窑内烧制。出窑后，先在表面涂上白色粉底子，然后根据造型，涂不同色彩的掺胶颜料。多以桃红和绿色为主调，极富热烈、明快、活泼的气息。后用黑色勾勒，达到多样统一的效果。有的背部不着色，显露泥土本色，有朴实无华的质感。有些玩具关节可以活动，嵌有芦哨，用手挤拉能发出声音；有的还系上五色线绳，儿童佩带于胸前，取端午节民间佩带"百岁索"的习俗，以图吉祥如意。近年来，褚庄泥玩得到进一步创新发展，其中鸟兽鱼虫、神话故事、站马、卧牛、小鸟、青蛙、山水鸟哨、小牛头哨、小五丝哨和诸葛亮、李逵、王祥卧鱼等典故造型均属上乘，小牛头哨还能吹出简单曲调。如图2-9（a）所示。

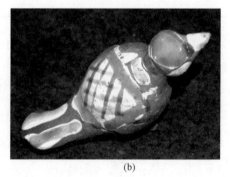

(a)   (b)

图 2-9　褚庄泥玩

2.2.6 倒铝锅

所谓"倒铝锅"就是将铝块或易拉罐熔化后倒入模具中，冷却定型后打磨修整，可制成锅、盆、勺、壶、鏊子等常用厨具。

融化铝材是"倒铝锅"的第一道工序，火候最重要，火候适宜，铝熔化得彻底，倒出来的铝锅细腻光滑，结实耐用。

第二道工序是打箱。找出一个平底锅模具涂上一层银粉，再筛满细细的红砂土，反扣在砂箱里，然后合上箱体，接着在倒扣的砂锅上方竖起一根木制浇口，先筛细砂土覆盖，再用粗砂土掩埋，最后用锤子把红砂土夯得结结实实，与箱体一起粘连成了箱盖。

第三道工序是浇模。把木制浇口从箱盖上拔下来，打开箱子取出铝模具，在成型的土锅周围仔细修理一番，合上箱盖把熔化好的铝水倒进箱内，冷却后就制成了一个崭新的铝锅。

最后是对新锅进行打磨抛光，为的是让铝锅更美观、有光泽。至于倒制铝盆、鏊子、铝壶一类的铝用品，则选用相应的模具制作，细节上大同小异，一件铝制品的完成大约需要 0.5h。

2.2.7　布老虎

虎在临沂的民间是勇猛、吉祥、安全的象征。本地妇女缝制布老虎的风俗有悠久的历史，但是具体起源于何时已不可考。明代就很兴盛，清代后期达到高潮。开始，布老虎是官臣和大户人家保佑孩子平安吉祥的镇物，后来就普及到平民百姓，逐渐发展成为独具风格的民间工艺品。

布老虎的用处在于：无论哪家有孩子出生，送上一只布老虎，寓意孩子长得虎头虎脑，虎虎有生气，又可暗示孩子长大了干活有虎劲，保家卫国当虎将。并且布老虎还有一个用处，就是晚上用来作为孩子的枕头——憨态可掬的老虎脑袋和同样憨态可掬的孩子脑袋，构成一幅让孩子的父母动心的景象。

制作布老虎需要的主要材料是黄布、红布、棉花或草糠等。聪明勤劳的沂蒙妇女，将剪好的两片黄布（虎身）和一片红布（虎肚）缝成筒状的虎套，然后用棉花等物填充，经过挤压修整成老虎形状，再用花线或画笔描出虎身上的斑纹和头顶的"王"字等（见图 2-10）。这样，一只胖墩墩、黄身躯、红

(a)　　　　　　　　　　(b)

图 2-10　布老虎

肚皮、翘尾、矮脚、威武、质朴、憨厚的布老虎就做成了。布老虎凝聚着慈母的爱与情，凝结着母亲的艺术才能。

2.2.8 木玩具

郯城县樊埝村是山东木制玩具的发源地。樊埝木制玩具是一种具有独特艺术风格的民间美术品，以其丰富的题材、精巧的设计、夸张的造型、艳丽的色彩而久负盛名，享誉海外。被誉为"木制玩具之乡"。

相传木制玩具起源于元末明初，距今已600多年历史。樊氏祖先从吕城逃荒至郯城，拜邻村木匠徐某为师学艺。他很快精通了各种技艺，发明了简易旋车。起初旋制一些刀把之类的日用生活品，后来受民间小泥人、竹车等玩具的启发，开始旋制哗啦棒槌一类的构造简单的木制玩具。通过前辈的言传身教和自身的不断研制创新，木制玩具的品种不断增加，规模也不断扩大。

木制玩具一般选用木质松软、柔韧、色白的杨柳木为原料。近年来，樊埝木制玩具的制作使用了电动旋车。樊埝村30多名能工巧匠成立了"郯城县樊埝木制玩具设计创制中心"，共同切磋技艺，花样不断翻新。产品不仅畅销北京、南京、广州、西安、青海等地，还远销美国、日本、中国香港、东南亚和西欧等30多个国家和地区。

2.2.9 民间剪纸

沂蒙山区的民间剪纸种类有门笺、鞋花、枕头花、馍馍花、顶棚花、窗花、床围花等。

以前，沂蒙剪纸通常由农村妇女在秋冬农忙之后或年节、婚嫁喜庆时着力完成，剪纸是每个农村女孩所必须掌握的手工艺术之一。目前，为了更好地适应生活和市场的需求，沂蒙剪纸更多的是用于装饰，强化了作为礼品、艺术品、作为生活点缀的艺术功用，剪纸的内容跟随时代的发展而更加丰富多彩，更加注意继承、消化和吸收与之相关的兄弟姊妹艺术。

2.3 人文景观资源

临沂河流湿地人文景观众多，如夹谷山景区、观音禅寺、羽山殛鲧泉、冠山景区、新华社山东分社诞生地纪念园、玉圣园景区，这里仅就华东革命烈士陵园、山东大学旧址、新四军军部旧址、野馆汤泉等部分景点进行介绍。

2.3.1 华东革命烈士陵园

华东革命烈士陵园位于市区东南部，占地 $19.2 \times 10^4 \, \text{m}^2$（见图2-11）。于1949年由山东省人民政府建立，后经陆续增建，现有塔、堂、亭、馆、墓、坊等15处。1986年经国务院批准，列为全国第一批烈士纪念建筑重点保护单位。

图2-11　华东革命烈士陵园

陵园主体革命烈士纪念塔为五角亭柱式建筑，高47.5m，塔身正面"革命烈士纪念塔"7个金字为毛泽东同志题写。塔台正面为山东省人民政府建塔碑文，其他分别是华东局、华东军政委员会、华东军区和老一辈无产阶级革命家刘少奇、朱德、刘伯承、陈毅等题词。纪念塔以北100m处为革命烈士纪念堂，传统宫殿式建筑，宽45m，高21.4m，进深19m。中堂影壁之上有周恩来题词："人民革命的烈士们永垂不朽！"壁前两侧，陈列着王麓水、刘炎、张元寿烈士半身石质浮雕像。巨大的石碑上，镌记着62576位烈士英名。纪念塔前的两侧，有7座造型各异的陵墓，分别掩埋着罗炳辉、王麓水、汉斯·希伯、张元寿、刘炎、常恩多、陈明和辛锐（合葬）的忠骨。此外，还有"粟裕将军骨灰安放处"。

革命烈士纪念堂左侧为革命战史陈列馆，1980年兴建。馆正厅迎门是一题为《气壮山河》大型群雕，环厅殿陈着各种图片、图表、实物和文字解说，展示出山东省以至华东地区人民革命的斗争史，再现了很多具有深远历史意义的重大革命事件。烈士事迹陈列馆位于纪念堂右侧，1980 年建立，介绍革命战争时期华东地区著名烈士的事迹。馆前厅有一题为《前赴后继》大型群雕，表现战士踏着烈士足迹奋勇前进的豪迈壮举。

2.3.2 山东大学旧址

1945 年 8 月 22 日，山东省政府委员会第一次全体会议决定，在临沂建立山东大学，任命李澄之为校长，田佩之为副校长，仲焕章为教育长，并成立由李澄之、田佩之、杨希文、陈沂、孙陶林、薛暮桥、仲焕章、张凌青、刘导生、白备五、张立吾为委员的山东大学管理委员会。山东大学以临沂"经文学院"作校舍，于 1946 年 1 月 5 举行开学典礼。陈毅和黎玉亲临现场并讲话，要求把青年学生培养成为政治、军事、经济、文化等各方面人才，去为人民服务。山东大学设政治、经济、教育、文艺等科系，并有代办的合作训练班、财经队、文化队、邮政训练班等。同年 8 月，山东大学撤离临沂。

2.3.3 新四军军部旧址

位于河东区九曲镇前河湾村。1945 年 10 月，陈毅、粟裕指挥新四军北进，设军部在此处长达一年之久，并指挥了著名的宿北战役、鲁南战役，召开了华野前委会议（见图 2-12）。会上，陈毅做了《一面打仗，一面建设》的报告。1947 年 2 月，新四军撤出后，房屋被轰炸后大部分被毁。现仅存 8 间，为市级重点文物保护单位。目前，陈毅、粟裕、张云逸等老一辈革命家当年用过的桌椅、书橱、马槽等文物还保护完好。

图 2-12　新四军军部旧址

2.3.4　陈毅旧居

河东区前河湾村西北，为一处土墙草房，即陈毅旧居。1946年6月～1947年年初，陈毅一家在村民钟维君家居住，陈毅的小儿子陈小鲁即在此出生。1947年初，陈毅一家随军队撤出。目前陈毅旧居6间房屋仍保存完好。

2.3.5　中共中央党校华东局党校（华东干校）旧址

旧址位于河东区九曲街道杨庄社区。1946年夏至1947年春华东局党校设于此，新四军第一副军长张云逸兼任校长，余立金任副校长。该校占地面积2000m²，设有礼堂等，培养了一大批党政军高级干部，对解放战争的胜利产生了深远的影响。1947年2月，华东局党校随华东局、华野总部北撤。

2.3.6　知春湖国际温泉度假村

知春湖国际温泉度假村位于临沂市河东区汤头镇驻地，占地326亩，总投资1.65亿元，建筑面积$9 \times 10^4 \text{m}^2$，是集温泉休闲、客房、餐饮、会议、保健、娱乐为一体的度假村。建有四星级会议中心，可容纳240人同时住宿、会议、餐饮；网球场、保龄球场、电影放映大厅等现代设施完备；洗浴中心、室外温泉游泳池、垂钓中心、桃花源，自然涤荡。

2007年新投资4500万建设园林生态温泉工程——湖心岛生态温泉。它充分利用汤山的自然景观，把田园风光和中国温泉文化相结合。湖心岛生态温泉内设32景点，其中包括俏汤头、温泉雨淋、儿童乐园、三合风侣、孔子沐浴处、温泉人家、天泉、避风港、温泉泥疗、沙疗等，其中孔子沐浴处据史记载，秦始皇、孔子均在此沐浴过。该泉泉水含有29种矿物质，对人体各个系统具有明显的医疗保健效能；三合风侣是集体泡泉的最佳选择。整个万寿山是竹林中有泉，山石中有泉，庭院中有泉，天空中有泉，无处不泉，处处有泉。

2.3.7　临沂国际影视城

临沂国际影视城位于临沂市河东区太平街道境内的万亩古栗树风情园内，

如图 2-13 所示。它是集江浙水乡之精华，融徽派建筑之风格而营建。该景点占地 300 亩，建筑面积为 33500m²。园区全部建成后将包括：沂州城关区、店铺街市区、府衙庙会区、名人府第区、秦楼楚馆区、沂水风情区、模拟拍摄区、好莱坞演艺区、山洪暴发区和影视宾馆区十大景区。该景区既体现了"白墙青砖黛瓦，小桥流水人家"的江南建筑风格，又融入了鲁南地区的历史文化，把沂州城、沂州渡、祊河桥、沂河水景、沂州府、王羲之故居、诸葛茅屋等当地文化元素有机而巧妙地组合其间，贯穿整个景区，使之成为"南中有北，北中有南"的交合文化平台。小桥、流水、人家，酒肆、戏园、茶楼；小吃铺，跨街楼；小井台，老祠堂；河湾绕街巷，民宅通埠头……精炼的场景，流动的人群，生动地展示出清末民初时期江南水乡的民生百态和万种风情。

 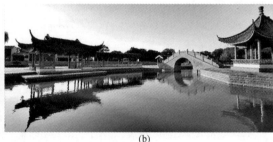

(a)　　　　　　　　　　　　　　　　　　(b)

图 2-13　临沂国际影视城

2.3.8　野馆汤泉

泉水自石隙喷涌，状如树冠、车轮，亮如珍珠，热如沸汤。这是当地人祖辈的说法，也是对临沂汤头温泉最早形态的描述。

北魏时期，郦道元在《水经注》中有"汤泉入沂"之说，《沂州府志》也有"野馆空余芳草地，春风依旧见遗踪"的描述。受当时的条件所限，古人利用温泉，也只是就近掘池为汤，四周按照地势，用石块、泥垒成能遮挡外人视线的矮墙，汤池旁边建有简易的馆舍，供远道而来的官员、豪绅们休息、住宿，这种简陋的临时住所，称之为"野馆"。如图 2-14 所示。

汤头温泉声名远播，慕名而来的官僚、文人越来越多。野馆不断翻修，面积越来越大，条件也越来越好，久而久之，其便成为古地琅琊一道独特的风景。

图 2-14 野馆汤泉

2.3.9 孟良崮战役纪念地

位于蒙阴县和沂南县交界处，因孟良崮战役而举世闻名。1984 年为纪念孟良崮战役在山上修建的纪念碑高 30m，由 3 块状如刺刀的灰色花岗石筑成，象征着野战军、地方军和民兵的武装力量体制。底座为边长 20m、高 1.6m 的正三棱体，组成一个枪托，意喻枪杆子里面出政权。纪念碑的上下部构成一个有机的整体，象征着军民团结必胜，人民战争必胜。孟良崮战役纪念馆位于山下的孟良崮烈士陵园内，占地面积 $8.1 \times 10^4 m^2$，建筑面积 $3240m^2$。馆内共分 5 个展厅，分别为门厅、战役厅、支前厅、英烈厅和双拥厅。纪念馆后面是烈士墓地。墓地正中是粟裕将军骨灰撒放处，其后是烈士英名塔。纪念馆前矗立陈毅、粟裕的巨型雕塑。孟良崮战役遗址为省级重点文物保护单位（见图 2-15）。

图 2-15 孟良崮战役纪念地

2.3.10　沂水地下奇观

沂水地下奇观旅游区包括山东地下大峡谷、天然地下画廊等（见图 2-16）。山东地下大峡谷景区是国家 AA 级旅游区，共分十七景段，有一河、五关、六瀑、九泉、九宫、十二峡等 160 余处景点，可谓移步换景，扑朔迷离，云蒸霞蔚，溅玉喷珠，鬼斧神工，自然天成，构成了一幅气势恢宏的洞中峡谷雄奇画卷，令人叹为观止。

图 2-16　沂水地下奇观

2004 年 7 月得到上海大世界吉尼斯纪录总部认证，被誉为"中国地下河漂流第一洞"。天然地下画廊风景区总规划面积 20km²，位于九顶莲花山下，全长 6600m，一期开发 1600m。画廊内钟乳遍布，石笋林立。数道石门将画廊自然分成"北国风光""宇宙奇观""南国风情""海底世界"四幅神秘画卷。

2.4　历史文化

临沂市历史悠久，文化灿烂。距今 1 万～2 万年前，便有人类在沂河两岸繁衍生息，创造着人类文明，时为"沂源猿人"之地。新石器时期，临沂是"东夷"之地。临沂古文化除继承、发展东夷文化外，兼具鲁、楚文化之风格。同时，又深受齐国文化的影响。历史文化遗迹有大范庄遗址、小皇山遗址、凤凰岭遗址、青峰岭遗址、泉上屯遗址等。

古往今来，临沂市涌现了众多的文化贤达。孔子的弟子高柴，即为兰山区李官镇南人。魏晋南北朝时期，王戎、颜延之、颜竣、王微等为文学方面的佼佼者；王准之、王韶之、王彪之等则在史学方面颇有建树；书法等艺术方面，除王羲之父子外，王珣、王僧虔、王志亦久负盛名。唐代著名训诂学家颜师古，系琅琊临沂颜氏后裔。颜师古之重孙颜真卿，是唐著名书法家。清雍正年间，著名画家李方膺曾任本地知县。李方膺系"扬州八怪"之一，擅长画松、竹、梅、菊及鱼虫。他的绘画艺术对临沂画坛有着深刻影响。

2.4.1 王羲之故居

王羲之故居位于临沂市内砚池街中段北侧，为王羲之幼年居住处。王羲之（303～361年）字逸少，东晋官吏、著名书法家。因做过右军将军，故世称王右军。建兴元年（313年）王羲之11岁时，"临沂诸王"举族南迁建康（今江苏南京市），旧居舍为佛寺。后历代屡有兴废。唐称开元寺，宋称天宁万寿寺。伪齐刘豫时，改为普照寺。寺内有金代妙济禅师觉海集唐柳公权之字而成的《沂州普照禅寺兴造记碑》，称为《集柳碑》。《集柳碑》记载了王羲之旧居"东有晒书台，南有泽笔池，一曰洗砚池，皆其遗迹"等情况。

为了纪念王羲之，人们在普照寺和洗砚池之间增建了一座左军祠，内祀王羲之像，两边各有一个童子，左抱"文房四宝"，右抱白鹅；院内立一龙凤碑。明崇祯十二年（1960年），将原在城南关的忠孝祠移此，建于普照寺西南隅。清乾隆二十四年（1970年），知州李希贤在右军祠内设立琅琊书院。

同治年间，在忠孝祠西侧修建了万善庵，其东原有五贤祠、关公庙，至今已无存。

近几年，人民政府在原址修建了王羲之故居（见图2-17），是以陈列书

图 2-17 王羲之故居

法、绘画作品为主的文化公园。内有洗砚池、晒书台、碑廊、书院等，吸引着众多的海内外游人。

2.4.2 孔子庙

孔子庙位于临沂市区兰山路中段北侧，建筑呈长方形，南北长 155m，东西宽 45m，总面积 6975m^2。该庙始建于金代，明、清两代均重修并增建。《临沂县志·秩祀》记载："孔子庙，在县治西，旧在东南，宋靖康毁于火。金守臣高召，卜迁今地，其后再毁再葺，元末兵燹，故址仅存。明洪武二年，知州罗希孟重修。正统年间，知州贺祯再修。弘治间，知州张凤、吴寅，正德年间知州朱衮，相继增修。嘉靖三十五年，东兖道任希祖见庙庑圮坏，呈请拆经府殿房重建。清乾隆初，知府李希贤、道光十五年知府熊遇泰、光绪九年知府锡恩，重加修缮。其制：中为大成殿，东西为两庑，庑北为神厨、神库。南为戟门，南门为泮池，上有石梁，东门南为照壁。庙后迤东为崇圣祠。"

孔子庙普称"文庙"，民国三年（1914 年）九月为尊孔而改"孔子庙"（见图 2-18）。现有大成殿、明伦堂及古银杏树等，列为市级文物保护单位。

图 2-18　临沂孔子庙

2.4.3 郯国故都遗址

郯国故都遗址位于临沂市城北 8km 处的南坊镇古城村。郯系西周初年的封国，乃夏后氏之裔，子爵，姒姓，鲁哀公三年（前 493 年）被鲁国吞灭。在古城遗址，曾发现周代至汉代陶器残片和铜戈、铜、箭镞等文物。今古城村南"林子"，相传为郯子之墓地。

2.4.4 刘疵墓

刘疵墓位于临沂市城北南坊镇洪家店村西北隅。1978 年 5 月临沂市对该墓进行发掘，出土一套包括头、手、足 5 个部位的金镂玉衣。玉衣由 1140 块玉片组成，从头罩到脚套长 1.8m，是中国迄今发现的唯一的西汉早期金镂玉衣。墓主人刘疵身着玉衣，有玛瑙印章一枚，3 把随葬的铁剑和两件铜弩机，说明其当为汉宗室成员或有功之臣。

2.4.5 崔家大院

崔家大院位于河东区九曲街道独树头村，是一片清朝初期的古建筑群，有 300 多年历史。大院占地一百多亩，分东院、西院，现在保留下来的是东院很少的一部分。

崔家大院建筑群具有典型明清时期建筑风格。有明二暗三、明三暗五式结构，用两梁一柱作为支撑房子的骨架。木梁全部采用粗圆木，架梁的两侧刻有奔牛、虎、狼、菊花等精美图案，活灵活现，栩栩如生。房屋两侧房头之上还依建筑形式的不同，分别雕有龙头、虎头等图案。在房子正面，厢房两侧为一趟走廊，距离厢房 2m 左右为两根明柱，下面有圆形的石鼓，上面支撑着梁头。石鼓、明柱因建筑形式各有不同，梁头雕花也不尽一样，梁头中间还有镂空的雕刻木画。房子的外表也因建筑材料的不同而各有特色，有外皮青的，有腰里黄的，各有特色，互不雷同。

在总体布局上，崔家大院为中轴线两侧辐射布局。每排房子右面有一条胡同，房子前面有一条深巷，每巷四户，连成一个整体，形成明显的大户院落。崔家大院于 2006 年 12 月被公布为市级重点文物保护单位（见图 2-19）。

图 2-19　崔家大院

2.4.6　银雀山汉墓竹简博物馆

银雀山汉墓竹简博物馆位于市区沂蒙路 219 号，周围红墙环绕，内植松柏花竹，为古典宫廷式建筑（见图 2-20）。占地面积约 10000m^2，建筑面积 2400m^2。该馆于 1981 年破土动工，1989 年竣工正式对外开放。现为全国重点文物保护单位，是我国第一座汉墓竹简博物馆。

图 2-20　银雀山汉墓竹简博物馆

博物馆为古典宫廷式建筑。馆内松柏花竹，长廊围绕，山水相映，整体设计融仿古建筑与园林风格于一体，具有浓厚的民族特色，是一座遗址性专题博物馆。博物馆共有三个展厅，即银雀山汉墓厅、竹简陈列厅和文物陈列厅。银雀山汉墓厅的中央复原了一、二号西汉墓穴，随葬品复制后按原状摆放在棺椁内。椭圆状展厅四壁为放大的挖掘现场和出土竹简的照片，包括《孙子兵法》十三篇、《孙膑兵法》十六篇和佚文五篇、《汉武帝元光元年历谱》。竹简陈列厅一层为《孙子兵法》展厅和《孙膑兵法》展厅。陈列以图文与实物相结合，向观众展示了出土的两部兵书竹简、孙子和孙膑的作战实录、春秋战国兵器，以及中外专家学者的最新研究成果。二层为文物陈列厅，展出一、二号汉墓出土的文物及 1970 年以来在金雀山和银雀山百余座汉墓出土的部分文物，其中的西汉帛画是长江以北地区出土的唯一的西汉帛画。文物陈列厅设在二楼，陈列有百余座墓葬中出土的部分文物精品，包括陶器、漆器、帛画和汉画像石等。

2.4.7　诸葛城

诸葛城位于临沂城北白沙埠镇东北6km，东临沂河。这座古城遗址，周长4.5km，今只存残碑及银杏树一株。《沂州府志·古迹》称："诸葛城，亦名中邱城，在县东北三十里。《后汉志》琅琊临沂县有中邱亭，即此。后诸葛亮来居于此"，这说明诸葛城最早称为中邱城。中邱城于公元前716年由鲁国建筑，这从《左传·隐公七年》"夏，城中邱"的记载中可以证明。

西汉元封五年（前106年）置临沂县治。对此，《水经注》《太平寰宇记》等书都有明确记载。隋大业初年（605年），临沂、开阳、即邱3县合并为临沂县，治于开阳（今临沂城），临沂故城曾因"诸葛亮来居于此"，遂易名为诸葛城。

2.4.8　凤凰岭遗址

凤凰岭遗址位于临沂城东15km处，今河东区凤凰岭乡王家黑墩村东。

凤凰岭高出地面10～20m，海拔60～70m，巅峰75m，由5个馒头形大土丘组成，南北长1km，东西宽300m。其5个土丘已有3个被整平为农田，后存2个。1982年冬季，中国社会科学院考古研究所山东工作队通过大面积科学挖掘，先后清理战国至汉代墓葬88座，出土文物有鼎、盒、罐、盆、壶、钵、铜镜、五铢钱等；另有8个乐舞、杂技俑，塑雕精致，栩栩如生。在这些墓葬中，一座最大的墓葬系东周墓。墓呈方形，面积近100m^2，由三部分组成，有车马坑、器物坑和墓室。墓早年又有11具无棺的骨架，乃系奴隶殉葬墓。主墓北25m有一个器物坑，出土器物有编钟一套计9件，鼎7件，矛14把，弓4张，簇镞1宗，舟、献各1件。最大鼎重35kg，最长的一把矛长达3.09m。在凤凰岭遗址中还出土许多细石器，并发现了多处用火遗迹，这些细石器包括石核石器和石片石器两大类，器形繁多。大多数以传统的间接打法制成，具有典型的细石器特点。细石器在山东省乃首次发现，代表一个历史时期的单独文化，存在于距今1万～2万年前的中石器时期。这一发现，填补了鲁南旧石器时代晚期开始出现原始农业的空白。

凤凰岭遗址现成为农家果园暨凤凰乡人民政府驻地。在政府驻地北面仅存高10m，东西、南北方向各20m左右的圆土丘。

2.4.9 青峰岭遗址

青峰岭遗址位于河东重沟镇王、郑田庄村北，是一处以中石器时代细石器文化为主的史前居址。它的发现对研究人类历史发展及鲁南古代发展史具有重大意义。

遗址为红砂土冲积而成的梭形高地，北端偏西，南端偏东。南北长1150m，东西宽500m，总面积约 $57.5 \times 10^4 m^2$。遗址于1982年12月发现，1992年6月被山东省人民政府公布为省级重点文物保护单位。

青峰岭遗址是山东地区迄今发现文化遗迹、遗物较多，且保存较好的一处遗址。就其遗址保护意义来讲，有助于中石器时代社会形态的研究、人类进化史的研究、第四纪地层的划分、古气候与植被环境变迁的研究。

青峰岭与凤凰岭等遗址的发现，因其所处的考古学年代是在旧石器时代晚期文化行将结束、新石器时代早期文化即将萌出的过渡阶段时间，称为"中石器时代"。按照考古学的命名原则，青峰岭遗址应归属于此前发现的凤凰岭文化。这一次的发现，填补了20世纪80年代以前山东地区中石器时代考古的空白。

2.4.10 泉上屯遗址

泉上屯遗址位于汤头泉上屯村东。遗址东西宽750m，南北长约1500m，总面积约 $7.5 \times 10^5 m^2$，呈梭形土状堆积。其东约1500m处有一南北向蜿蜒起伏的低山，当地人称为"长虹岭"，属沂、沭断裂带小构造形成的丘陵，以侏罗纪、白垩纪的紫红色砂岩为主，而遗址坐落在沂、沭两河之间的分水岭上，由雨水冲积形成。

泉上屯遗址属华北中石器时代细石器文化系统，与黄河中、上游地区大荔沙苑、沁水下川、许昌灵井及河北黄骅等地的细石器文化处在大致同一发展水平上。就山东地区而言，泉上屯是中石器时代屈指可数的重要遗址，它的发现填补了山东地区史前考古旧石器时代向新石器时代过渡的空白，衔接了新旧石器时代考古的缺陷，从而使山东史前序列的建立变为现实，解决了新中国成立后30多年间山东史前考古中一个悬而未决的重大课题，让考古工作者们初步认识了这种新的遗存面貌。

泉上屯遗址在当时是山东省各地除临沂以外均未发现的文化遗存。1992年6月定为山东省重点文物保护单位，山东省政府树立的文物保护单位石碑现屹立在泉上屯村东。

2.4.11 小皇山遗址

小皇山遗址位于芝麻墩街道指挥庄北，西与金雀山、银雀山隔河相望。小皇山是一处古村落遗址，东西约 300m，南北约 400m，总面积约 $1.2 \times 10^5 m^2$。文化堆积厚达 $30 \sim 150cm$。山上古墓众多，已发现墓葬 15 座，其中 9 座汉代墓葬均随葬品较少，器形单一，仅陶罐和铜钱，陶器置于棺外填土中。5 座明代墓葬为小型墓，竖穴土坑，都是夫妻合葬墓；随葬品有金耳坠、金戒指、金耳勺、铜镜、陶砚、石砚、黑瓷罐、瓷灯盏等 30 余件以及"开元通宝""大定通宝""洪武通宝""乾隆通宝"等钱币 40 余枚。清代墓 1 座，形制同明代墓，出土物品有瓷罐、铜钱。小皇山断崖上有断面暴露灰坑、墓葬等遗迹，地表采集出石铲、双孔石刀、陶器盖等遗物，证明遗址始于新石器时代的大汶口文化、龙山文化，下至商周、秦汉。小皇山遗址对研究临沂历史文化和山东地区历代葬制、葬俗等提供了实物证据，被列为市级重点文物保护单位。

现已建成小皇山遗址公园（见图 2-21），并将在此建设东夷文化博物馆。

图 2-21 临沂小皇山遗址公园

2.4.12 祝丘(即邱)城遗址

祝丘城遗址位于汤河镇故县村(见图2-22)。鲁桓公五年,鲁国在此建邑,设置政权机构;秦朝建立后在这里设置了县级管理机构;西汉初期设县,西汉末年王莽建立新朝后,即邱改名就信;三国两晋南北朝时期,琅琊国辖临沂、开阳、即邱等十余县;刘裕建宋(南朝)以后设置徐州琅琊郡,下设即邱、费县;北齐与北周时期,州、郡、县废置,临沂县并入即邱县;隋炀帝大业元年(605年),即邱县并入临沂县,翌年将临沂县治所从今汤河镇四故县村移到今天的临沂城。此后1300多年即邱故城再没有设立县以上政权机构。又因几经战火,城垣倒塌,故城消失。1973年,在文物复查工作中,曾在该遗址采集到新石器时代的鸟啄形鼎足、骨箭头、黑陶残片;春秋时代的鬲足、印纹硬陶片、三棱铜箭头;汉代的罐形鼎、铜鼎、博山炉、铁锄、"大泉五十"铜币等物。目前,在张故县北70余米处尚有城墙遗址一段,东西长200m,南北最宽处为50m。城墙顶部50cm为汉文化层,有大量瓦片挤压。以下都是灰土层,包含有新石器时代至春秋的各种陶片,层位错乱混杂,系筑城时堆积而成。故县故城遗址历经2700余年,1983年被列为临沂县县级重点文物保护单位。2004年被河东区人民政府公布为区级重点文物保护单位,现已申报临沂市重点文物保护单位。

图 2-22 祝丘城遗址

2.4.13 大范庄遗址

大范庄遗址位于临沂市河东区相公镇大范庄西0.5km处,岚济公路侧。遗址南北长160m,东西宽140m,总面积为$3\times10^4\,m^2$,高出地面6~8m,呈馒头状土丘。土丘上层多周、汉时代遗存，已数遭破坏流失。1965 年，村民在此取土，发现器物，报告上级部门，随后原临沂县文物部门组织人员到此发掘，前后共清理新石器时代墓葬 26 座，出土文物 768 件。其中石器 20 件，主要有铲、镯、镞、石佩等；骨器 23 件，主要有骨镞、獐牙、兽牙等。最多的器物为陶器，计 725 件，主要有夹砂陶、泥质黑陶、夹砂白陶、夹砂红陶。器形大多数为平底器皿，三足器鼎和圈足器有豆和柄镂孔杯。高柄镂孔杯有 30 件，胎壁极薄，近似蛋壳，故称为蛋壳陶；它是龙山文化黑陶中的精品，器型规整，器物光亮漆黑，造型多样，是古陶中的瑰宝。

2.4.14 名人文化

王羲之（303～361 年），字逸少，琅琊临沂人，晋官吏、著名书法家。

王献之（344～386 年），字子敬，小字官奴，东晋大臣、著名书法家。曾任建威将军，吴兴太守，中书令，世称"王大令"。

颜延之（384～456 年），字延年，琅琊临沂人，是南北朝时著名诗人，与山水派创始人谢灵运同代齐名，世称"颜谢"。

王珣（349～400 年），字元琳，为东晋著名书法家王导之孙，王洽之子，王羲之之侄。累官左仆射，加征虏将军，并领太子詹事。

王祥（185～269 年），字休徵，西晋琅琊临沂人，仕晋官至太尉、太保。以孝著称，为二十四孝之一，"卧冰求鲤"的主人翁。

王僧虔（426～485 年），琅琊临沂人，南朝齐书法家。工正、行书，继承家传祖法。所书丰厚淳朴而有气骨，为当时所推崇，并影响唐宋书家。

颜籀（581～645 年），字师古，祖籍琅琊临沂人，唐著名训诂学家。

王导（276～339 年），字茂弘，琅琊临沂人，东晋开国大臣。

王衍（256～311 年），字夷甫，琅琊临沂人，西晋大臣。历任中书令、司徒、司空等要职。

仲由（公元前 542～481 年），字子路，亦称季路，春秋鲁国卞之野人（今平邑县仲村镇）。子路接受孔子劝导，请为弟子，成为孔门七十二贤之一。

左宝贵（1837～1894 年），字冠廷，回族，山东费县地方镇（今属平邑县）人，清末著名民族英雄。

第**3**章　河流湿地资源保护和利用规划

3.1　河流湿地资源保护规划

　　加强湿地资源保护和管理是湿地公园建设和利用的前提，是维持湿地公园可持续发展的关键，也是湿地公园规划的中心工作。纵观英国伦敦湿地中心、中国香港米埔湿地、黑龙江扎龙湿地、青海三江源湿地、杭州西溪湿地等国内外著名湿地的保护管理模式，可分以保护为主的湿地原生态区运作模式和偏重利用的湿地风景旅游区运作模式两类。与三江源等原生态保护相比，临沂湿地具有较好的湿地风光，但历经多年修渠筑坝人为改造干预，原生态湿地已不复存在，如何打造一条符合临沂特色的保护管理模式，实现湿地的可持续发展，关键是在科学保护和合理利用之间找到平衡点。

3.1.1　规划原则

　　（1）保护优先原则

　　贯彻保护优先的原则，坚持以保护自然环境、保护湿地动植物资源、保护生物多样性、保护生态系统为首要任务。

　　（2）全面保护、重点突出原则

　　对湿地的生态环境保护工作应分区进行，划定不同保护区范围，同时对不同的区域实施分级保护。

　　（3）生态保护与环境优化并举的原则

　　在强化自然生态保护的同时，还要不断地采取有效措施改善环境质量，尽可能恢复已遭破坏的自然生态环境，进一步优化湿地环境。

　　（4）保护生物多样性原则

　　以保护湿地系统为主要任务，对重点区域所有生物资源进行保护，维护湿地生物多样性及湿地生态系统结构和功能的完整性，防止任何形式的生态破坏以及对生物多样性的破坏。

（5）湿地保护与景区合理开发相结合的原则

良好的环境条件是旅游开发的前提和保证，也是维持湿地可持续发展的关键。在对湿地的生态环境进行全面保护的同时合理开发利用湿地资源，适度发展旅游业，有利于发挥湿地的经济效益和社会效益。以生态保护作为公园建设、旅游发展的基础，以生态旅游促进湿地生态保护的进一步深化。

（6）遵循相关政策的原则

在规划中应遵循与湿地有关的各项国家和地方的法律、法规，此外还要与国际有关湿地的规定相一致，不能违背有关规定。

3.1.2　保护目标

在保护的前提下适度利用，实现更好的保护。以维护生态系统完整性、保护动植物及其栖息地、协调设施建设与生态环境、加强科普教育和环境监测为重点，通过保护生态环境、保护湿地生态系统生物多样性，发挥其生态效应；通过利用湿地开展湿地生态系统生物多样性、文化多样性等多方面知识教育，发挥其社会效应；通过加强立法等办法，实现人与自然相和谐、政府与群众相和谐、历史与现实相和谐、保护与利用相和谐，走出一条保护与利用"双赢"的临沂湿地公园模式。

湿地保护规划的目标主要包括：a.保护湿地生态系统的完整性，保护生物多样性；b.增强湿地自我更新能力，实现湿地生态系统的良性循环；c.实现湿地保护的科学化、程序化；d.减少对湿地资源潜在的干扰与破坏；e.实现湿地旅游的可持续发展。

3.1.3　分区保护

（1）重点保护

生态保育区是湿地公园内的重点保护区域。高度敏感的生态保育区侧重于植被恢复，资源的绝对保护，保护水源、土壤不受破坏，保护动植物资源不会因为城市的扩张而受到威胁，禁止人为干扰。

（2）次重点保护

生态敏感度稍低的湿地展示区，侧重于环境保护与旅游活动相结合，开展有利于生态环境和资源可持续发展的旅游活动项目，以旅游促保护，以保护兴旅游。开展的旅游活动要小规模、低影响，严格控制游客的规模。

（3）一般保护

游览活动区、管理服务区等为一般保护区。管理服务区作为湿地公园管理者开展管理、服务、接待旅游等活动区，侧重于加强生态科学知识的宣传，使游客在进入景区前详细了解在湿地游览观光时应注意的事项，约束自己的行为，以避免对湿地生态系统造成破坏，并严格按照环境容量控制入园游客量。游览活动区开展以湿地为主体的休闲、游览活动，可以规划适宜的游览方式和活动内容，安排适度的游憩设施，避免游览活动对湿地生态环境造成破坏。

3.1.4 水系和水质保护规划

（1）现状

目前，临沂湿地及周围由于大量人为干扰（耕种、堤坝、鱼塘等），自然水系破坏较为严重，水土流失问题较为突出。公园水质威胁主要表现在工农业面源污染、废弃物污染、生活污水、富营养化、重金属积累等方面。

（2）保护目标

通过水源保障和水质保护等方法，保证水系的联通和良好的水质，同时为湿地公园创造良好的生态环境和旅游环境。

（3）保护措施

临沂湿地水源来源多，河道长且相互连接。为保障湿地水系的正常运行，保证湿地水源的稳定，保持水系的流动性以及水质良好，保护措施主要有以下几个方面。

① 橡胶坝的建造。如兰山区枣沟头花园村橡胶坝回水后，最高水位为52.1m，枯水期水位51.5m，变化为 60 cm，稳定的水域有利于湿地形态的营造。

② 大气降水。临沂地区年均降水量880mm 左右，非水面面积范围内汇积的地表水资源量约 $3.42 \times 10^7 m^3$，充沛的降水有利于水的常年流动和水质的改善。

③ 在湿地上游建设污水处理厂，处理后的中水进入湿地公园。

④ 改变项目区内农业生产方式，控制农业面源污染。将湿地公园内的农地一部分改造成高效有机农田，一部分改造成防护林。高效有机农田，以施用有机肥为主，配方施肥，利用生物方法防控病虫害，最大限度地减少化肥、农药使用量。

⑤ 加强生物吸收和吸附作用，降低水体的富营养化和重金属含量，并通过定期生物体收获和清淤，保障公园水质动态平衡。

⑥ 确保公园水体间及公园与周边水体间的流动和周转。主要利用大气降水、源头来水和城市中水作为湿地稳定水源，保障湿地水源年周转次数，有效保障水质。

⑦ 废弃物集中清理。对公园及其周边区域进行一次全面、集中的废弃物清理。同时，在局部废弃物污染严重的区域进行必要的消毒，以防止相关疾病的传播。

⑧ 水面日常保洁。组织专门的队伍定期对水面及其周边区域的废弃物进行清理和集中处理，减少固体污染物对水体的破坏，并保持良好的水体景观。

3.1.5 水岸保护规划

临沂河流湿地的河岸线主要采用缓坡型生态水岸类型，充分发挥河岸与湿地水体之间的水分交换和调节功能，一方面保证水陆间的物质循环和能量流通，并为野生动植物创造繁衍生息的场所；另一方面，通过水岸保护，在一定程度上有效提高抗洪强度。

湿地公园地势比较平坦，部分湿地位于城市边缘，如祊河湿地公园，因而河流护岸主要采用生态护岸模拟自然护岸的生态功能，借助土木工程措施，单独使用绿色植被；或者绿色植被与非生命材料相结合，形成自然河岸或具有自然河岸特点的"可渗透性"护岸，使水体和土体、水和生物相互涵养，并适合野生动植物的栖息和繁殖。生态护岸植被，以本地的乡土植物为主。

（1）全自然护岸

全自然护岸（全植被护岸），用于经过平整处理的岸坡上，种植不同品种的护坡植物，通过植被根系力学效应和水力学效应来固土保土、防止水土流失和绿化坡岸。全自然护岸具有生态和景观的双重功能。其主要采用树桩护岸，树枝压条护岸，灌木护岸，湿生、水生植物护岸等护岸形式。

1）适用河岸　适用于护坡角度较小、河流流速平缓、防洪需求较低的缓坡型水岸。例如，在祊河、苍源河湿地水岸保护中，绝大多数护岸采用此种类型。

2）特点 全自然护岸中植被防护能力有限，但这类接近自然状态下的护岸，对坡岸平衡生态体系影响较小，自然融合能力较强，完整地保留了陆地与河流的物质、能量、信息等交换能力，也为多种物种的生存和繁衍提供了栖息地，施工快速、简便，造价低廉。

（2）半自然护岸

半自然护岸是利用一定的工程措施，采用植被与石材、木材等自然材料相结合，使坡面既有一定的防洪能力，又为植被生长提供适宜的基质。结合植被使用的天然材料通常有石块、卵石、木桩等，可以采用多种形式的组合。

1）适用河岸 半自然型护岸比较适合于流速大的河道断面。在祊河湿地公园中，此类护岸主要用于航道、水质净化展示区的水岸保护。

2）特点 半自然型护岸具有抗冲刷能力强、整体性好、应用比较灵活、能随地基变形而变化的特点，同时又能满足生态的需要，即使是完全用石材或木材防护，也可为水生生物提供生存空间。

3.1.6 栖息地（生境）保护规划

湿地野生动物主要为水禽，根据鸟类活动及其在自然条件下的捕食要求，创造湿地内小树林和水面等环境条件，为各种湿地鸟类提供捕食、栖息的自然场所，形成稳定的群落。主要措施如下。

① 加强宣传与制度建设。加大宣传力度，提高公众保护意识，让广大群众和游客自觉参与湿地公园的保护和管理工作；制定相应的规章制度，禁止一切破坏野生动植物栖息地的活动。

② 减少人为干扰。在野生动植物特别是鸟类栖息地尽量减少人为干扰，包括远离交通要道，栖息地周边不得有建筑物，不设或少设旅游景点，减少人为活动对鸟类的干扰等。

③ 利用湿地现有的环境营造林地、开阔性湿地、水面、草滩、浅滩、沼泽等不同栖息地类型。

④ 满足湿地内各类水生动植物繁殖、度夏、捕食和栖息等不同水深要求。

⑤ 保持水体流动。保证湿地的水源供给，保证水生生态系统的功能完善与稳定，为野生动植物的栖息、繁殖创造条件。

⑥ 种植蜜源植物和鸟嗜植物群落，为湿地内的鸟类提供食物果源。

⑦ 在公园内应规划建设环境监测站点、观望台、鸟类博物馆（含鸟类救

护站），选址于管理服务区，以方便对伤、病、弱鸟类的救护。

⑧ 有害生物的监控和防治。全面贯彻落实"预防为主、科学防控、依法治理、促进健康"的林业有害生物防治方针，严密防范外来有害生物入侵，积极开展生物灾害预防，大力推行无公害防治，坚决遏制林业生物灾害的发生。

3.1.7 湿地文化保护规划

3.1.7.1 保护目标

在有效保护的前提下，把湿地文化特别是非物质文化遗产与旅游相结合，培育民俗文化旅游景区，合理开发和利用丰富的非物质文化遗产，使湿地公园成为非物质文化遗产保护和宣传的重要区域。

3.1.7.2 保护措施

（1）开展宣传展示活动

建设集收藏、研究、展示、教育、宣传、娱乐于一体的湿地展示馆等设施，通过普及湿地科学知识、展示世界丰富多彩的湿地及其生态系统功能、探索典型湿地的奥秘、剖析湿地面临的问题和威胁、介绍全球湿地保护行动，尤其是中国及当地政府在湿地保护中所取得的成就，培养和增强人们"人与自然和谐发展"的科学发展观，增强受众的环境保护意识，引导人们自觉地去爱惜和维护湿地资源；促进湿地生态文化建设，进一步推动湿地保护事业的发展。

（2）保护和旅游相结合

在文化保护，特别是湿地的保护过程中，全方位地开发湿地的文化价值和经济价值，如在公园内开展湿地民俗表演、湿地工艺品销售等。

3.2 河流湿地利用规划

3.2.1 规划原则

河流湿地公园的主要功能是保护湿地生态系统的完整性，维护湿地的生态功能，并在此基础上开展与湿地保护目标相协调的合理利用项目。合理利用方式以河流湿地生态旅游为主，旨在为公众提供体验湿地、回归自然和休闲游憩的场所。河流湿地合理利用规划原则如下。

（1）湿地生态保护与合理利用相协调

环境是人类生存和发展的基本条件，是社会、经济可持续发展的基础。河流湿地公园的建设必须以保护优先，在保护好湿地生态系统及环境的基础上开展湿地旅游，达到保护与合理利用相协调，实行可持续发展。

（2）维护区域生态系统平衡和生物多样性

生物多样性和生态系统的相互关系是管理、规划及合理开发生物资源的基础。生态系统不是静止不变的，保护湿地生物多样性不是维持群落的种类成分永远不变，而是维持湿地生态系统的动态平衡，并体现湿地生物多样性的特点，具备系统自身反馈和演替的能力。

（3）突出生态主题

河流湿地公园的建设应突出生态主题、"原汁原味"、与自然环境相协调，体现自然性和古朴性原则，让游人在湿地公园内能体味到回归自然、返璞归真的妙趣。

（4）充分体现湿地的历史文化内涵

河流湿地是历史、文化的发源地，湿地公园的建设，应突出自身特点，充分利用和体现湿地的历史与文化，提升湿地公园的内涵和品位。

（5）充分利用场地条件，规划要经济、环保

河流湿地公园的旅游设施建设应充分利用区域内的现有条件，对区域内的动植物景观规划设计应充分利用当地已有物种，特别是乡土树种，尽量减少外来物种的引进，按照生物学、经济学和景观学的原理合理设计，以减少工程量，做到经济、环保。

（6）项目的设置以人为本

河流湿地公园的项目设置应满足不同人群的兴趣和需要，充分体现人类接触自然、回归自然的参与式理念。以人为本，既要考虑湿地公园的管理，又要方便游客，满足其需求，为游客提供一个安全舒适的湿地休闲环境。

（7）旅游经营策划原则

河流湿地公园的规划除了要符合以上各项原则外，还要符合经济规律的运行法则。在市场经济条件下，获取经济效益是湿地公园发展的最终动力和有力保障。因此，主题选择周密策划；景点项目强调参与性，常变常新，吸引游人多次消费；利用资源优势塑造特色环境，遵循地域文化，保持原生肌理；体现时代特征，通过构思新颖的现代景观与自然环境的有机结合和现代化开发模式塑造特色；以生态旅游业为主。

3.2.2 资源利用构成和评价

考虑到河流湿地公园的资源特点和保护需求，其资源利用将以生态旅游为主的方式进行。在对湿地公园旅游资源的不同特点、区位、生态价值进行科学分析的基础上，分区域、分层次制定开发方案，以合理、有效、可持续地实现资源的潜在价值。

（1）旅游资源构成

通过调查并根据《旅游资源分类、调查与评价》（GB/T 18972—2003），临沂河流湿地公园旅游资源分类如表 3-1 和表 3-2 所列。

表 3-1　临沂河流湿地公园旅游资源分类

主类	亚类	基本类型	内容
A 地文景观	AC 地质地貌过程形迹	ACN 岸滩	岸滩
	AE 岛礁	AEA 岛区	如中心小岛等
B 水域风光	BA 河段	BBA 观光游憩河段 BBB 沼泽与湿地	保护、恢复完好的河段 拦水坝下的沼泽
C 生物景观	CA 树木	CAA 林地	边上的杨树林
	CB 草原与草地	CBA 草地 CBB 疏林草地	湿地内的草滩 河岸疏林草地
	CC 花卉地	CCA 草场花卉地 CCB 林间花卉地	公园内种植的花卉
	CD 野生动物栖息地	CDA 水生动物栖息地 CDB 陆地动物栖息地 CDC 鸟类栖息地 CDE 蝶类栖息地	河道及两岸生境
D 天象与气候景观	DA 光现象	DAA 日月星辰观察地	合理利用区露营区
	DB 天气与气候现象	DBE 物候景观	鸟类迁徙
F 建筑与设施	FA 综合人文旅游地	FAA 教学科研实验场所 FAB 康体游乐休闲度假地 FAD 园林游憩区域 FAE 文化活动场所 FAG 社会与商贸活动场所 FAH 动物与植物展示地 FAK 景物观赏点	科普宣教设施、野生动物求助中心 垂钓中心、观鸟亭等 园内景观林带 文化体验区和大广场 管理服务区 河流动植物展示 观景塔
	FB 单体活动场馆	FBC 展示演示场馆 FBD 体育健身馆场	湿地博物馆 公园内的休闲运动场所

续表

主类	亚类	基本类型	内容
F 建筑与设施	FC 景观建筑与附属型建筑	FCB 塔形建筑物 FCI 广场 FCK 建筑小品	观景塔等 大广场等休闲区域 柳林栈道及景观建筑等
	FF 交通建筑	FFA 桥 FFC 港口渡口与码头 FFE 栈道	河流上的桥等 码头 柳林栈道
	FG 水工建筑	FGC 运河与渠道段落	浮床等人工景观河道
G 旅游商品	GA 地方旅游商品	GAA 菜品饮食 GAB 农林畜产品与制品 GAE 传统手工产品与工艺品	鲁菜、烤牌、糁、煎饼等 银杏、板栗、核桃、柿饼等 柳编、木旋玩具等
H 人文活动	HA 人事记录	HAA 人物	各个时期的历史名人
	HC 民间习俗	HCB 民间节庆 HCC 民间演艺	庙会等 山东快书、鲁南五大调等
	HD 现代节庆	HAD 旅游节	沂州海棠节、荷花观光节、草莓采摘节等
数量统计 7 主类	18 亚类	38 基本类型	

表 3-2　临沂河流湿地公园旅游资源评价赋分（以汤河为例）

评价项目	评价因子	评价	赋值
资源要素价值 （85分）	观赏游憩使用价值（30分）	汤河水量充沛，滩地景观优美，河道景观具有一定的特色，具有较高的观赏价值、游憩价值以及科普教育价值	25
	历史文化科学艺术价值（25分）	湿地将自然景观与历史悠久的汤河文化相结合，为这片土地上丰富的地域文化资源提供充分的展示和发展空间，具有一定的历史价值、文化价值、科学价值和艺术价值	15
	珍稀奇特程度（15分）	有较多珍稀物种，鸟类和两栖类湿地动物资源丰富	8
	规模、丰度与概率（10分）	独立型旅游资源单体规模、体量较大；集合型旅游资源单体结构和谐、疏密度良好；自然景象和人文活动周期性发生或频率很高	7
	完整性（5分）	景观形态与结构有少量变化，易受周边农业活动影响	3
资源影响力 （15分）	知名度和影响力（10分）	河流湿地在临沂具有一定知名度，通过湿地资源保护以及适度的旅游活动，打造成为全省知名的湿地公园，提升其影响力	2
	适游期或使用范围（5分）	适宜浏览的日期每年超过 250 天，或适宜于 80% 游客使用与参与	3
附加值	环境保护与环境安全	经过之前生态水景改造工程，汤河沿岸污染源较少，水质较好。且有工程保护措施，安全有保证	3
总计		66	

（2）旅游资源评价

依据旅游资源单体评价总分，将河流湿地公园的旅游资源分为五级，从高级到低级依次为：

五级旅游资源，得分值域≥90分；四级旅游资源，得分值域75～89分；三级旅游资源，得分值域60～74分；二级旅游资源，得分值域45～59分；一级旅游资源，得分值域30～44分；未获等级旅游资源，得分≤29分。

其中：五级旅游资源称为"特品级旅游资源"；四级、三级旅游资源统称为"优良级旅游资源"；二级、一级旅游资源统称为"普通级旅游资源"。

由此可见，临沂河流湿地公园属于优良级旅游资源——三级旅游资源，且存在较大的旅游发展潜力，在严格保护与适度利用的前提下，通过湿地动植物、生态、功能及景观的恢复，河流湿地公园的旅游价值还可以获得较大的提升，在中长期发展目标中可努力发展成为四级的旅游资源。

3.2.3 河流湿地公园资源利用方式

（1）自然景观旅游资源利用方式

以保持原始风貌为主，适当改造为辅。

湿地因其水陆交接的特殊性，其生境不同于日常所见的陆地生境，有着较丰富的湿地资源，尤其是动植物资源，对自然景观类型的旅游资源可进行利用，如观赏、观鸟、摄影、科普宣传、泛舟、垂钓等。

但对于景观单一或生态环境质量较差的区域，可进行适当的改造以增加美的感受来适应游客的需求。例如，种植更多的植物，尤其是具观赏性的植被，改造小地貌，营造小环境，建造廊道方便游客行走等，都可以增加自然景观的可观赏性。

（2）人文景观旅游资源利用方式

河流湿地公园的主要文化类型有历史传说、故事、人物、历史遗迹等。可逐个采取文化类型的挖掘与重新编排，设置不同区域进行展示，并且邀请文化名人参与，定期举办节事活动，以加强临沂河流湿地文化的宣传。在保护的基础上利用解说系统进行展示，也可以利用技术复古原貌和与其相关的活动及历史事件，从而使其更具有趣味性和可感知性。

（3）民俗文化旅游资源利用方式

以讲解与展示为主，体验为辅。

民俗文化旅游是一种能满足游客"求新、求异、求乐、求知"的心理需求的旅游活动，已成为国内外旅游行为和旅游开发的重要内容之一。

临沂历史悠久，有许多广为流传的历史人物和历史故事，包括历史传说，还有木旋玩具、杞柳纺织品、褚庄泥玩、沂蒙香荷包、琅琊石刻等文化遗产，具有较高的文化价值。公园将通过场景重现及讲解等手段帮助游客了解区域的历史，还将提供机会体验区域的故事与文化，如角色扮演、亲手制作工艺品当作纪念品等，并结合这些文化资源发展河流湿地公园的旅游纪念品，以作为河流湿地公园的宣传名片。

（4）人造景观旅游资源利用方式

公园内的人造景观，如湿地博物馆、观景塔、柳编展览馆等，都可供游客参观使用，但应避免进行大的改造以免对湿地生态系统造成破坏。

3.2.4 环境容量及游客容量预测

3.2.4.1 旅游容量分析

旅游容量也称旅游环境容量、旅游承载能力，指单位时间和空间范围内的旅游活动容纳能力。旅游容量主要包括空间容量、设施容量、生态容量、社会心理容量四类。旅游容量的实际意义主要体现在两个方面：一是在旅游地和旅游点的建设和管理中作为手段，来保护旅游环境免遭退化或破坏；二是作为管理工具，在客观上保证旅游者在浏览时的旅游质量。计算旅游容量的实际意义则在于给景区提供一个资源合理利用的指标，用于规划或管理时参考，以便于规划或管理者采取相应的措施，使实际接待量在容量范围之内，避免出现旅游环境的超载。

基本空间标准取决于旅游活动的性质和类型。综合旅游活动基本空间标准（日本）、旅游活动承载力标准（WTO）、风景名胜区规划规范［中华人民共和国标准（GB 50298—1999）］，总结出中国游憩用地生态容量标准，如表 3-3 所列。

表 3-3　游憩用地生态容量标准

用地类型	允许容量和用地指标	
	人/hm²	m²/人
针叶林地	2～3	5000～3300
阔叶林地	4～8	2500～1250
森林公园	20～25	500～400

续表

用地类型	允许容量和用地指标	
	人/hm²	m²/人
疏叶林地	<70	>140
草地公园	<15~20	>600~500
城镇公园	30~200	330~50
浴场水域	1000~2000	20~10
浴场沙滩	1000~2000	10~5

在规划中，重点是湿地的保护与生态恢复，因此需要严格控制游客的规模，结合表 3-4 中的数据，依据该湿地公园的实际情况，对用地指标进行估算。根据土地、景观类型和旅游活动性质的不同，确定河流湿地公园各分区生态旅游用地指标。

表 3-4　河流湿地公园各分区生态旅游用地指标

分区	用地指标/(hm²/人)
合理利用区	0.20
科普宣教区	0.15
管理服务区	0.05

注：湿地生态保育区和恢复重建区着重于生态环境的保护和建设，不开展旅游活动，故在此不估算其用地指标。

3.2.4.2　游客容量预测

（1）开放时间

以汤河为例，每日开放时间，各区均为 10~12h。

平均需要的游览时间则因各不同的场地现状而不同。预测游完全程所需要的时间：根据景区场地现状，整体线路较长，尤其以科普游赏、休闲娱乐为主，整个浏览时间为 8h。

（2）生态环境容量测算结果

以汤河为例，湿地公园可供游览面积约 632.19hm²，其中合理利用区 545.26hm²，科普宣教区 73.63hm²，管理服务区 13.30hm²，按平均每人游 250m²，测算出各区的生态环境容量，结果见表 3-5。

表 3-5　河流湿地公园各区生态环境容量

功能分区	合理利用区	科普宣教区	管理服务区	共计
生态旅游日容量/人	2726	491	266	3483

由测算结果得出，湿地公园日生态容量为 3483 人，年生态容量 1271295 人。由此得出河流湿地公园应控制年游客接待量不超过 127 万人。

3.2.5 客源市场及游客规模分析

3.2.5.1 客源市场现状分析

临沂市位于山东省东南部的临沂市，是鲁东南的政治、经济、文化和商贸中心。距山东省省会济南市 235km。临沂市地处中国东部地区南北交汇地带和长江三角洲、环渤海两大经济区的中间地带，临沂市旅游的日益发展给河流湿地公园带来更多的外地游客。

河流湿地公园客源主要是临沂 9 个县、3 个区及来临沂度假的省内游客。河流湿地公园与临沂市的旅游景点如汤头旅游度假区、太平国际影视城、华东革命烈士陵园、王羲之故居、银雀山汉墓竹简博物馆、临沂书法广场、滨河景区、镇山风景区等旅游景点有望成为一体的旅游目的地。

3.2.5.2 客源市场定位分析

省外游客主要集中在京津唐地区、长江三角洲地区及东南沿海地区。这些地区由于经济发达，人民生活水平较高，因此出游动机也更明显，加上国家法定假期的增多，长距离的旅游成为可能。由于这些地区的自然、人文景观、民族风情与临沂市有着明显差异而使临沂对省外游客产生较大的旅游吸引力。

河流湿地公园的目标客源市场主要定位为国内旅游市场，可以细分为以下三级市场。

① 一级市场：临沂的各县区、乡镇是一级目标市场，主要发展度假旅游。

② 二级市场：以枣庄市、日照市、济宁市、青岛市等周边城市为主要二级市场，这些地区距离临沂市较近，交通便利。应大力发展传统观光及休闲、度假旅游。

③ 三级市场：以京津唐、长江三角洲、东部沿海地区为主的省外旅游市场，这些地区由于经济发达，人民生活水平很高，加之文化、地理环境的差异，使临沂市对其具有很大的吸引力。

3.2.5.3 湿地公园客源类型定位

河流湿地公园客源类型可分为 5 类，如表 3-6 所列。

表 3-6 河流湿地公园客源类型定位

客源类型	市场群体	定位说明
湿地观光型	大众市场	观赏型客源是河流湿地公园重要的旅游客源，未来河流湿地应加大自然资源的保护和利用，吸引更多观光型客源
科普教育型	学生市场	河流湿地公园拥有典型的河流湿地景观和动植物多样性，建成后将有完善的科普教育设施，供学生学习和参观。通过开展科普宣教活动，可向青少年展示湿地的价值以及汤河的历史人文景观
科学考察型	专家市场	湿地科学的探索研究正逐渐成为自然生境领域的研究热门，湿地科学研究者在推动湿地学科的发展方面有重要作用，吸引这类客源，可以改善河流湿地的资源结构，提升湿地公园的品位
艺术创作型	艺术爱好者市场	河流湿地公园具有丰富而优美的湿地资源以及丰富的动植物资源，无论是静态还是动态都能提供任何角度的自然之美。摄影、写生等艺术活动是对自然美的探索与挖掘，通过有效的艺术创作活动，吸引众多的爱好者，开发具有潜力的市场，宣传湿地资源，加大保护力度
休闲娱乐型	户外扩展市场	本地居民形成的休闲型客源需要参与性强、游憩体验丰富、放松身心的一类休闲场所。河流湿地公园交通便利，通过规划可形成集生态、科普、旅游休闲为一体的城市湿地公园，成为城镇居民出游的好去处

3.3 河流湿地生态旅游规划

3.3.1 旅游设施规划

应根据环境容量、旅游需求、交通状况和景观需要，合理布置服务设施，科学规划服务网点级别、规模。服务设施包括游览、医疗、管理等相关设施。因湿地公园附近有完善的饮食、食宿场所，湿地公园内尽量不规划饮食、食宿和大型娱乐设施。旅游设施以生态材料建造，注重环保。

3.3.1.1 旅游设施的规划原则

（1）自然优先
旅游基础设施不宜过多过大，要与公园设施环境相协调。

（2）以人为本

需要充分考虑不同类型、层次游客的需要，确定设施的规模和放置地点。

（3）低碳可行

所采用的交通设施要保证低碳，最大限度地降低对周围环境的污染。所采用的交通工具还要适应当地的路面情况。

3.3.1.2　陆上游览服务

（1）观鸟设施

观鸟设施不一定规划成统一造型，可根据具体情况建造与周围湿地环境和谐相融的观鸟屋、观鸟棚、观鸟廊、观鸟亭等，各观鸟设施之间可以与观光栈桥连为一体，方便游客及学生认知湿地鸟类。设施装修应充分利用当地原材料，例如茅草、木材、石块等，体现自然风格，造型可选用现代时尚的微型建筑，体现自然与现代的融合。设施颜色、形式和体量注意与周围环境相融合，以减少人类对野生动物的影响。同时，各观鸟点也要为观鸟爱好者提供一定的观鸟设备和便利的条件。

（2）休闲停留设施

沿主要步行路设置茶室、休闲亭廊，商亭和观景台，注意停留设施所在地的对景、观景效果，考虑拍照等位置因素，选择视野开阔，有较好对景点的位置布置。同时考虑人流集散问题，在不同的景点对停留设施做适当调整。

（3）访客中心

访客中心是必要的服务设施，应具有良好的可达性和明显的标识性。访客中心是为游客提供帮助、信息及综合服务的功能建筑，宜结合湿地公园主入口进行布局，建筑形式应结合自然，新颖别致。

（4）管理服务设施

管理服务设施宜设置于重要出入口或交通便利的区域，且与游览区域适当隔离，可根据情况考虑设置单独的管理入口。规划在管理服务区设置一个停车场。生态停车场内间种树木和植被作为缓冲，营造与周边环境相协调的开阔空间。场内铺装采用透水、有自然感的材质。

3.3.1.3　水上游览项目服务设施规划

（1）码头

为营造亲近湿地的深入体验，同时分流陆上交通压力，在湿地公园水域内规划水上游览路线，游览路线依托各水岸码头展开。规划在合理利用区沿岸，设置伸出式码头，面积不小于 1000m²。

（2）游船

为了丰富水上活动，方便旅游者按照喜好进行选择，需要购置各种不同类型的游船，可选类型有以下几种。

1）小型载客游船　电动，每船可容纳 10～20 人，作为散客运动游览之用，依据经济和游客数量购置 10～20 艘或以上。

2）脚踏船　可容纳 4～6 人，游赏用。

3）手划船　可容纳 1～2 人，游赏用。

4）竹筏　可容纳 2～4 人，游赏用。

3.3.1.4　节事庆典规划

为丰富河流湿地公园旅游项目和内容，可规划一系列节事庆典活动，既可以向受众人群传达湿地生态保护理念，又可以扩大河流湿地公园的知名度和影响力，促进旅游业的发展。

节庆产品要充分结合河流湿地公园的湿地动植物特色以及区域特色文化项目，规划的基本理念应是集自然、生态、科普、创意、趣味于一身，对于提高景区的知名度具有良好的效果。此类产品应使游客在获得快乐的同时增长相关知识，强化其湿地生态理念，并最终得到难忘的体验经历。

这些节庆活动并不一定在公园发展初期举办，因为节事活动是需要依托一定的知名度的举办地才能具备一定的号召力，可考虑在公园发展的中后期举行，同时可视具体情况每年举办或隔年举办，但应常变常新，以维持恒久的吸引力。

可考虑举办的节事活动包括以下几种。

（1）科普宣教节事活动

在一些重要的国际、国内有关湿地及环保的节日开展丰富的科普宣传活动，使之成为系列节庆活动。把这些主题节日庆典串联在一起，联合宣传策划，向人们介绍湿地保护的重要性，体现湿地公园科普宣教理念。主要的节日如下：2 月 2 日"世界湿地日"；3 月 12 日"中国植树节"；3 月 22 日"世界水日"；4 月 23～29 日"爱鸟周"；6 月 5 日"世界环境日"；10 月 4 日"国际动物日"。

（2）临沂市海棠（市花）节

沂州海棠是临沂市的市花，在河东区已有几百年的栽培历史。临沂海棠

（市花）节已举办多届，受到社会各界欢迎和好评，取得成果丰硕，以后可移至汤河省级湿地公园内举办（见图 3-1）。在展示美丽的海棠花的同时，举办市花节特色产品展、市花节书法笔会、"海棠之星"选秀等活动。通过大气、恢宏、全面、气势的海棠（市花）节活动，引导和帮助人们亲近海棠，感受自然之美，激发人们的生活热情。同时展现区域丰富的自然资源和深厚的历史文化底蕴，发掘本土化旅游资源，推动当地经济发展。

图 3-1　首届沂州海棠节

（3）柳编节

近年来，临沂柳编以其环保、低碳、美观、大方、新颖等特点特别受到都市人群喜爱，也得到了欧盟、美国等国家和地区人们的青睐，成为国内外市场的畅销产品。定期举办柳编节，组织柳编艺人现场编技竞赛、鼓励游客参加编织并评定名次给予奖励，并借此机会集中展示临沂柳编工艺品、特色工农业产品以及当地的非物质文化遗产。

（4）湿地摄影大赛

为配合宣传湿地公园"湿地动植物的乐园、生态旅游的精品、回归自然的休闲胜地、提升区域品位的名片"理念，定期举办湿地摄影大赛，鼓励各年龄层爱好摄影的人们参与进来，以增加人们对于湿地动植物基因多样性、物种多样性的保护意识，以及湿地生境、自然生态的保护意识。此类摄影大赛活动可与国内的摄影协会、相关的报纸和杂志社联合举办，以优美的湿地景观为题，并邀请专家对参赛作品进行评等判级，把获奖作品编制成册，作为特色旅游纪念品销售（见图 3-2）。

（5）苗木博览会

临沂市河东区、经济开发区是山东省重要的林木种苗生产基地，特别在海棠种苗生产培育方面，规模较大，经济效益和社会效益显著。目前，种植各类果树苗木、花卉苗木 3.6 万亩，其中海棠花卉面积 1.8 万亩，建有 6 处

图 3-2　汤河省级湿地公园摄影大赛宣传画

苗木科技示范园区和 13 家种植专业合作社，发展各类苗木品种 200 余个，被誉为"中国苗木之乡"。通过举办临沂苗木博览会，展示河东区以及鲁南各县区的园林绿化苗木和花卉的新优品种、中高档植物盆景、园林绿化苗木，并推广花木生产技术和科技成果。

3.3.1.5　游憩水道和驳岸规划

在区域内应进行湿地水系规划，修复湿地生态系统，营建核心区边缘缓冲带，构建点线面结合的湿地景观系统。

（1）游憩水道规划

河流湿地公园水系规划旨在梳理原有退化的水岸区域，扩大水域面积，在原有环境之上恢复自然的河滩湿地，营造河流湿地的美景。根据整体水系特点，水道游览路线应位于河流主河道上。电动游船和人力船为主要行船工具。

（2）驳岸规划

1）自然驳岸　河流湿地现有驳岸保留了较为自然的状态，但部分河段驳岸破坏较为严重，多被当地居民开辟为鱼塘。滩地上植物以杨树居多，种类相对单一。对于坡度缓或腹地大的河段，可以考虑保护自然状态，配合植物种植，形成植被丰富、群落复杂的驳岸地。

2）生态驳岸　生态驳岸为人们亲水的激情感受提供了最好的空间环境。对驳岸的生态化处理，可以增加人们近水、亲水行为的发生和对水环境的感受。而过水边缘的亲水性也取决于边缘的平面、驳岸的断面形式和形状。

局部广场及人流较多的区域驳岸的处理采用缓坡和高差的形式。有坡度的草坪化的驳岸有助于控制水的清洁度。高差驳岸更适合游客亲水性的要求，适合布置在钓鱼、野餐、广场的场所,是比较安全的驳岸游览形式。高差驳岸同时也应提供残障人坡道以便其接近水岸。

3)亲水空间 亲水空间是指线形水体与城市实体的过渡空间中,人们可以近距离地感知并接触到水体的空间区域。亲水空间的规划要素如下。

① 步行行为:滨水游步道、铺地、桥荫、栏杆等。

② 休憩行为:座椅、树荫、垂钓等。

③ 社交行为:座椅、游步道等。

④ 观赏行为:清洁水体、护岸、栅栏等。

3.3.1.6 步道规划

在充分研究地形、地势的基础上,河流湿地公园内部道路设计应结合现有的基础条件、路网结构与景观格局,科学规划道路系统,特别注意结合行为科学和心理科学的最新成果,进行景观组合、节点规划,以人为本,防止审美疲劳。在各个节点的游憩服务设施,应尽量巧妙地融入自然景观之中,给游客以赏心悦目的感受,同时能够提供必要的服务。

(1)规划原则

河流湿地公园的步道规划应该遵循如下原则。

① 湿地公园内部道路首先以满足功能活动需求与方便内外交通联系为原则,道路可采用多种形式组成网络,并与外部道路合理衔接,沟通内外部联系。

② 路线规划满足异质性、多样性、景观连通性原则,与地形、水体、植物、建筑物及其他设施相结合,形成完整的风景构图。创造连续展示风景景观的空间或欣赏前方景物的透视线。路的转折、衔接流畅,符合游人的行为规律。公园内道所经之处,两侧尽可能做到有景有观,使游人有步移景异之感,避免单调平淡。

③ 道路布设必须满足游憩活动、护林防火、环境保护及公园职工生产、生活等多方面的需要。

④ 应根据公园的规模、各功能分区的活动内容、环境容量、运营量、服务性质和管理需要,综合确定道路建设标准和建设密度。

⑤ 道路线形应顺从自然,一般不进行大填大挖,尽量不破坏地表植被和自然景观。

⑥ 公园内主要道路应具有引导游览的作用。通向建筑集中地区的园路应有环形路或回车场地。养护管理机械的园路宽度应与机具、车辆相适应。

（2）步道规划

湿地公园道路规划以步行交通为主，内部电瓶游览车、电动车、自行车、电瓶船、小木船作为辅助交通方式。

1）电瓶游览车道 考虑到园内快捷运输游客的需要，在公园内的道路上主要选择电瓶游览车。电瓶车具有环保、无污染、无噪声、干净、便捷等优点，非常适宜在公园等旅游景点内使用，方便游客到各个景点游览。电瓶游览车是公园内道路的主要交通工具，停靠站设在道路交汇口，连接各功能区域。

2）木栈道 木栈道因其材质特殊的亲人性、自然性等特点，在公园往往具有很好的景观效果，在公园中常表现出特有的吸引力。木材也是舒适、环保、耗材较少、施工方便、取材便捷的材料，游人在木栈道上与湿地更为亲近，读书、散步、观景、摄影、远眺，无不散发闲适的味道。经过良好的规划和处理，结合河流湿地的特点，木栈道会成为湿地公园中一类重要的特色休闲品。木栈道意向图如图 3-3 所示。

(a)　　　　　　　　　　　　　(b)

图 3-3　木栈道意向图

（图片来源：http://www.huitu.com/photo/show/）

（3）下切通道

在部分典型湿地植物区设置下切通道，通道两侧以玻璃板隔离，便于游人透过玻璃观察湿地动植物和湿地过程；同时配备解说牌，使湿地宣教内容更加直观自然。

3.3.2　河流湿地部分旅游项目简介

3.3.2.1　养生园

临沂河东区的特产木瓜被誉为"百益果王"。《本草纲目》中论述：木瓜性温味酸，平肝和胃，舒筋络，活筋骨，降血压。现代医学证明：木瓜含番木瓜碱、木瓜蛋白酶、凝乳酶、胡萝卜素等；并富含17种以上氨基酸及多种营养元素。

在汤河镇禹屋村东北汤河西岸规划设木瓜养生园，种植物不同品种的木瓜。木瓜树树姿优美、春花烂漫，入秋后金果满树，芳香宜人，可组织进行赏花、摘果，也可以作为盆栽出售。游客可以在此享用养生大餐，例如木瓜炖生鱼、木瓜炒牛肉片、南北杏炖木瓜、木瓜花生大枣汤、木瓜翅骨、红枣莲子炖木瓜等。另外，还可以品尝木瓜罐头、木瓜酒、木瓜果脯、木瓜醋、木瓜原浆、木瓜饮料、木瓜脆片、木瓜干等。游客离开时，他们还可以购买部分喜欢的产品带走。

3.3.2.2 水上漂流

汤河地处沂沭深断裂带丘陵、剥蚀平原区，河谷呈开阔和"U"字形，凹岸岸坡后退而陡立，凸岸产生堆积，河床宽度100～260m，漫滩向河床呈缓坡状与河床相接，平均比降0.046%。

规划自汤河镇旦彰街至汤河与沭河交汇处作为静水漂流河道，对河道进行整治，增加险滩。在旦彰街东部建一条带闸橡胶坝，提高汤河下游落差，形成流域最长、最具节奏感的水上无动力漂流河道。在漂流时水闸每隔一定时间放水一次，增加水流动性。

游客可乘着橡皮艇在水中漂荡，橡皮艇时而卷入旋涡，时而平静安逸，既能体验船摇欲翻之惊，又无溺水伤身之险。通过漂流让游客主动参与近水、亲友、戏水活动，领略"人水互动，亲水狂欢"的体验，享受"人在画中，乐在心头"的美妙感觉。在碧波荡漾中领略大自然的美景，感受到自然的力量，体会亲近自然的感觉。漂流时可竞技，可娱乐，可任自漂流，可一人独乐，可全家共享，而情侣伴游更具诗情画意。

3.3.2.3 滨水度假营

在岸上的杨树林中设度假木屋，每个木屋体量为5m×5m，以接待2～3人为宜，配置餐厅、茶座等休闲娱乐设施。选择靠近河漫滩处设置大型的、统一管理的帐篷营地，作为临时性度假地，营地周围插上木桩，并拉上草绳将营地围合。营地管理用房远离河岸，以在洪水线以外为宜，为游客提供饮用水、充电灯具等野营生活用品，设置公用厕所，出租野营帐篷，并负责营地的安全保障。游客可在此开展丰富多彩的营地活动，白天可在周围进行森林浴、日光浴、烧烤野餐、集体游戏等活动，而晚上则可举办篝火晚会或天文观星活动，数天上的星星，举办草地狂欢活动。

3.3.2.4　生态娱乐区

选择河岸开阔地带堆沙成滩，在沙滩上设置一些活动项目，如沙滩排球、沙滩摩托车、沙雕比赛、滑沙等。河滩边的浅水区设立浮桥、绳桥或汀步，让游客进行湿地体验。岸边森林中设置爬山石、攀绳、吊床式秋千、输送管道、木攀岩、圆木桥等项目。

3.3.2.5　林果休闲观光园

林果休闲观光园以生态观光、果实采摘为主。室外种植板栗、樱桃、黄金梨、柿等果品，大棚种植草莓、西红柿、黄瓜等果蔬。各种果蔬分片栽种，形成规模，可供游客四季采摘，享受田园风光，增加游客乡村休闲度假的趣味性。特别是樱桃、草莓采摘游，游客们在感受乡村风光之余，可以享受到新鲜的樱桃和草莓，以及采摘樱桃和草莓的乐趣。也可以尝试租赁模式，将果树或一小块菜地租赁给游客，让游客自己种植，自己管理，自己采摘劳动果实。另外，游客可以在基地亲自参与一些绿色食品的制作过程，享受自己劳动得来的产品，体会不同于城市的生活方式。以草莓为例，游客可以参与制作草莓汁、草莓酱、草莓冷饮等。

3.3.2.6　大田农业观光园

大田农业观光园尽量保持农田的原生状态，田里种植小麦、水稻、花生、玉米、大豆等农作物。在田间地头利用原木、绳索等组成简单的富有情趣的生态休闲游乐设施，增设若干凉亭、驻足点，供游人中途休息、观赏风景。也可以将一部分土地租赁给游客种植，让市民体验到农业作物的整个循环过程，享受耕作乐趣，体验真正的农民生活方式，平时由当地的农民代为管理，租赁农田所生产的农产品除自己享用外，可委托销售机构代为销售，并可以"以物易物"方式交换别人菜地里的菜。

利用当地从事农耕生产的家畜和养殖场，设立农畜牧生活体验区，让游客体验喂养家畜、家禽的乐趣。

3.3.2.7　乡村休闲度假

按照城乡统筹、美丽乡村建设的要求，对规划区内的农房进行新一轮改选提升，建设精致农家小院，开展"农家乐"乡村旅游，吸引城市人观光旅游，吃农家饭、做农家活，看农家景，体验地道的农家生活。

开展丰富多彩的乡村娱乐活动：春季可进行踏青、赏花、挖野菜活动；夏季可进行消夏避暑、捕蝉等活动；秋季进行农作物收割、果实采摘等活动。

3.3.2.8 百荷园

对河两岸的环境进行整治，建设游路，依河建设百荷园，引进国内外不同的荷花品种，通过温室技术，实现四季观荷花。改造现有鱼塘，拓展养殖范围（虾、蟹、鱼等）。河堤上适当种植海棠、碧桃、榆叶梅、梅花等观赏花卉。开展春种藕、夏观荷、秋钓蟹、冬采藕刨鱼等活动。利用果树、花卉形成各有特色的自然静态景观，通过季季有热点的参与性人文动态景观，突破季节的局限性。

3.3.2.9 湿地生产园

在保留了大片农田的区域（面积30hm^{2}以上）可设计湿地生产园，如祊河湿地公园，通过设计改造，定位为高效有机农田示范区，同时兼具观光农业的性质。湿地生产园由高效农田区、湿地净化区、板栗林（或核桃、柿子等）保留区和农业展示馆构成。

高效农田区种植小麦、大豆及水稻等农作物，通过科学的耕作及灌溉技术展现高效农业。

板栗林保留区位于湿地生产园的对岸，为大片保留的板栗林。

湿地净化区位于农田与水域的交汇处，为开挖的内河，农田的渗水排入净化区内，最终流入中心湿地，在湿地与农田之间架设一条观光廊道，同时体验高效农田与湿地风光。

农业展示馆与服务中心位于堤坝一侧，与广场连为一体。一架观景平台位于陷泥河河口的对面，河口风景一览无余。

3.3.2.10 乡土植物园

湿地陆地面积较大的区域，且现状为坡地或林区，可设计保留场地的肌理与植物，采用生态恢复的指导原则，设计为乡土植物园。如祊河湿地的乡土植物园由十大植物群落、乡土植物展览馆与服务中心、滨水休闲步道和系列休憩遮阴节点构成。

（1）十大植物群落

板栗林植物群落、苦楝林植物群落、银杏林植物群落、水杉林植物群落、垂柳林植物群落、刺槐林植物群落、柿子林植物群落、果林植物群落、榆树林植物群落、桑树植物群落。

（2）乡土植物展览馆

在建筑外立面利用可再生本地材料——杞柳编织成组，再通过不同的分割及形式组合，使整个建筑看上去丰富多彩，但又不失统一。在建筑外形上采用了坡顶，在立面看整个建筑有点像个即将起航的大船，建筑内部设有庭院。

3.3.2.11　湿地植物园

存在大量的鱼塘的湿地，构成自然的泡状肌理，鱼塘之间的路径上保留了大量的大株径杨树，有着较为完善的生态系统。设计保留鱼塘，利用鱼塘较为封闭和稳定的水域，建造成湿地植物园。

湿地植物园包括 3 个主要区域，为湿地植物品种园、湿地生态群落园和湿地植物科普馆。

（1）湿地植物品种园

品种园内收集中国北方地区的 100 余种水生植物。

（2）湿地生态群落园

利用独特的地形，如内湖，从植物到水生物环境的营建，展现湿地生态。

（3）湿地植物科普馆

建筑紧靠堤坝，建筑形体取自泡状湿地的形态，外立面则采用再生材料竹子，质朴而又生态。

3.3.2.12　鸟类公园

鸟类公园为公园内参与度较低的区域，场地狭长，植被丰富，多样化程度高。可设计由中心无人生态鸟岛、中心湿地芦苇荡、台田景观带、鸟类博物馆和观鸟廊道 5 个部分构成。

（1）中心无人生态鸟岛

位于湿地中心，鸟岛顺水流的方向设计，岛上栽植以水杉、枫杨和柳树为主的乔木，以及鸟类偏好的浆果类植物（如火棘等）。

（2）中心湿地芦苇荡

大片的芦苇荡与鸟岛连接为一体，形成封闭的鸟类栖息地。

（3）台田景观带

保留湿地的农田肌理，种植农作物和大片杞柳。

（4）鸟类博物馆

其设计理念源于百鸟归巢，博物馆的整体布局为鸟巢状，建筑的外立面采用杞柳编织的材料，体现生态理念与乡土特色。

（5）观鸟廊道

由杞柳编织而成，自然质朴，浮在湿地之上，降低对鸟类栖息地的干扰，而高低不同的观鸟窗适合不同年龄的人使用。

第4章 河流湿地恢复规划

湿地恢复是指通过生态技术和生态工程，对退化或消失的湿地进行修复或重建，一方面是指对受损湿地生态系统通过保护使之自然恢复，另一方面是指在湿地生境退化较为严重的区域，实施一系列生态恢复工程，尽可能地使湿地恢复到受干扰前的结构、功能及相关的物理、化学和生物特性，提高和恢复湿地的生态功能。

4.1 规划原则

4.1.1 可行性原则

可行性是项目规划和实施时首先需要考虑的。湿地恢复的可行性主要包括两个方面，即环境的可行性和技术的可操作性。

4.1.2 因地制宜原则

不同的湿地类型、现状和恢复条件，采取的恢复措施都会不同。具体的湿地恢复和重建，需要根据具体情况做出具体分析，制定适宜的恢复方案。

4.1.3 优先性原则

为充分保护湿地的生物多样性及湿地功能，在制定恢复计划时应全面了解该区域湿地的保护价值，了解它是否是高价值的保护区，是否是湿地的主要代表类型，是否是候鸟飞行固定路线的重要组成部分等，根据保护的优先等级确定恢复的重点。

4.1.4 自然恢复为主，人工促进恢复为辅的原则

自然生态系统具有强大的自我恢复、自我维持能力，在恢复过程中应尽可能采用自然恢复方法。对于湿地生态退化严重的地区，自然恢复无法进行时，适当采用人工辅助措施，促进生态系统恢复。

4.2 水体修复规划

水体是湿地公园的灵魂，水体的保护和修复是湿地公园的首要任务，保证湿地水系的连通、水体的流动和水质的安全是湿地水体修复的根本目标。因此，湿地水体修复包括湿地水系恢复、湿地水循环以及水质净化等内容。

4.2.1 水系恢复

目前，由于人为干扰（耕种、鱼塘、鸭塘等），湿地自然水系有所破坏，水系连通性差。为避免湿地水体的富营养化，创造动态、宜人的水体空间环境，采用局部塑造微地形的处理手法，将湿地公园内水系联通，并保持湿地公园的水流循环流动。同时配以植物的栽植，增强水系的自净功能，为湿地公园创造良好的湿地水环境，以达到活水活景的景观效果。

（1）生态保育区水系恢复

在生态保育区，修葺水岸线，保留和恢复多种湿地植物，适当扩展水域面积，水域中预留部分生态小岛，为鸟类提供栖息空间。

（2）合理利用区水系恢复

以现有水道为基础，相互贯通，适当加深、加宽，水道宽 10～25m，其中航道 3～5m。水道外侧以芦苇、蒲草或杨树、柳树为背景，内侧为 5～10m 的水生花草带，打造带状水上花园。

结合航道在主要景点设置游客码头，在深水区适当开展水上娱乐活动。

（3）其他区域水系恢复

为了保证湿地公园水道的连通和水体的循环流动，其他区域的水系恢复主要是进行水道疏通，使整个湿地水系形成一个不断循环的流动体系。

（4）水深设计

不同的水深程度可以营造不同的湿地类型和不同的栖息地类型，也可以

为湿地公园不同的功能服务，如游船和水上娱乐等活动。

根据不同的水深可以将河流湿地水系分为深水区、浅水区。其中深水区常年保持 1.8m 以上的水深，浅水区常年保持 0.5~1.2m 水深。

4.2.2　水质净化

河流湿地水体污染主要是由农田肥料的成分流失、城镇和农村生活污水的排放、工业污水的排放等原因引起的水体富营养化。水体富营养化是指氮磷等植物营养物质含量过多所引起的水质污染现象。当过量营养进入水体，水生生物特别是藻类将大量繁殖，将使水中溶解氧含量急剧下降，影响鱼类等生物的生存。

为了保证湿地水质良好，湿地公园周边的生产、生活污水，雨水、洪水必须经过处理才能进入湿地。村庄、各旅游服务接待处和管理处产生的生产、生活污水统一收集，经过污水处理池或小型氧化塘处理才能进入湿地，然后通过湿地的生物措施、工程措施等净化措施，再经过水体的流动，最后流入河流下游。

结合湿地公园水系建设、植物配置进行水质净化工程建设。着重于生物控制、工程措施和水质监测网络建设 3 个方面的建设。

4.2.2.1　生物控制

（1）食物链控制

利用生态系统食物"网、链"原理和生物的相生相克关系，通过改变水体的生物群落结构来达到改善水质、恢复生态平衡的目的。利用滤食性鱼类不仅滤食浮游动物，有的也能滤食浮游植物的特点，直接对浮游植物进行生物操纵。滤食性鱼类中的鲢鱼、鳙鱼和细鳞斜颌鲴等可以大量滤食浮游藻类，特别是对微囊藻等蓝藻水华有强烈的控制作用。

通过生物控制，合适的鱼类、合理的放养密度就能对水质的恢复起到积极的促进作用。为确保湿地的生态多样性和稳定性，鱼种的选择上尽可能以土著鱼类为主，如泥鳅、草鱼、麦穗鱼、鲤鱼、鲢鱼、细鳞斜颌鲴等。

（2）水生植物配置

水生大型植物以其生长快速、吸收大量营养物的特点为降低水中重金属含量提供了一个经济可行的方案。水生植物的富集能力顺序一般是：沉水植物＞浮水植物＞挺水植物。

挺水植物如芦苇、香蒲、水葱等等通过对水流的阻挡和减小风浪扰动使悬浮物质沉降，并通过与其共生的生物群落相互作用，发挥净化水质的功能。

在湿地通过吸收移走养分的能力方面，挺水植物被普遍认为不如浮叶和漂浮植物。一些浮叶和漂浮植物如凤眼莲、浮萍有很强的耐污能力，特别是对富营养化废水有较好的净化效果。

恢复水生植被时，以沉水植物为主体，莲、芦苇、苦草、狐尾藻和金鱼藻适应性较强，规划作为重建水生植被的物种。

4.2.2.2　工程措施

通过对现状水系河道的沟通、拓宽和疏浚，使得水面加宽，水容量加大；对驳岸不同形态的自然生态化改造有利于生物生长栖息和水陆交流；弯曲的水岸线创造不同光照强度的植物生长区域；起伏的河底为水生植物提供深浅各异的水深条件。

在局部地段可人为地建造一些适合动植物生长的具有孔洞的河底与护岸，适度填充一些卵石、碎石、沸石、陶粒等多孔质的材料，增加生物膜的面积，提高对有机物的降解能力，同时填料形成的孔隙也具有物理吸附、沉降、过滤等净化作用。

4.2.2.3　水质监测网络建设

加强各水体水质监测，使之符合相关要求。在湿地主要的入水口和出水口设置采样点，全面掌握湿地出入水质情况；在湿地公园内均匀分布水质监测点，做到覆盖全面。水质检测项目除对总磷、总氮、重金属等常规项目的检测外，还包括底泥、底栖生物的检测等。

通过合理布置水质监测采样点位，可以全面、准确地获得水质监测数据，再通过对数据科学合理的分析，及时掌握湿地水质的变化动态，为湿地水质净化方案提供充分的科学依据。

4.3　栖息地（生境）恢复规划

4.3.1　河岸生态恢复

从岸上延续到水中 50～100m 的范围内严格保护芦苇、白茅、水葱、水烛、狐尾藻等植物，然后再在河滨栽种以本土树种为主的植物，同时适量投放鲢、鳙鱼等具有"水体清道夫"美誉的鱼种。湖边浓密的植物能起到过滤作用，而芦苇等各种湿地植物的根茎可以很好地吸收消化水中的污染物，鱼能控制藻类数量，从而改善湖泊水质。

4.3.2　坡岸恢复治理工程

目前规划区内居民有将生活垃圾倾倒在河边、坡岸的现象，这种随意倾倒的垃圾日积月累会发生化学、物理变化，污染土地，释放恶臭和有毒气体，并破坏景观。部分垃圾下雨时被冲刷到水体中，垃圾中的有害物质会对河流造成污染。因此，必须对垃圾予以清除，并进行无害化处理。

清除垃圾后的坡岸用新土覆盖或转换，表面种植以苦草、莎草、微齿眼子菜等耐污、净化污染物能力较强的植物。

4.3.3　鱼类群落生态修复技术

在湿地恢复中，鱼类群落的动态可以用来监测湿地水质。对于鱼类群落的恢复，所采用的方式有投放鱼苗、建造人工鱼礁以及控制捕捞强度。在采用人工投放时，要考虑所投放鱼类的食性，根据其在食物链上的位置来决定投放的必要性，在大型沉水植物或藻类过度生长的水体内可以投放食草性鱼类。底栖类杂食性鱼类则可以减少沉积物内部的营养负荷。

4.3.4　植被恢复

4.3.4.1　湿地植被

植被在维护浅滩、湿地生态系统功能方面起着决定性作用。按水生植物的生长环境和生活习性，可以将其分为浮水植物、漂浮植物、挺水植物和沉水植物四类。植物是湿地生态系统最重要的组成部分之一，选择生长快、生物量大、吸收能力强的耐水性草本、木本植物，可增加湿地的透水性。临沂河流湿地地处我国南北交汇地区，气候条件优越，但由于湿地环境和水文受人为干扰较大，导致湿地植被群落类型和数量较少。另外，部分湿地规划区内的浅滩基本被改造为陆地，不利于水禽的觅食、栖息、繁殖和生物多样性保护，破坏了景观的完整性和湿地生态系统的稳定性，同时容易造成水体污染和河道淤积。为了恢复和营造良好的自然湿地景观，针对湿地公园各功能区的现状及定位，进行相应的湿地植被恢复工程。

湿地恢复首先要营造各种深浅不一的水生环境，创造不同的立地条件，引入各种水生植物。优先选用本土湿地植物，适当引入本区自然分布、对本地湿地植物不会产生危害的植物种类。根据湿生、中生、水生和沉水、挺水、浮水等不同植物的生境需求，营造错落有致、适合不同湿地植物生长的微生境，使湿地公园成为湿地植物的活标本馆。有计划地种植部分珍稀、濒危的植物，让游客了解到这些植物的分布、特点、致危原因等，提高保护意识。适当增加观赏性、趣味性强的植物配置，以此来吸引游客，增加景观效果和吸引力。

可选择的常见湿地植物如下所述。

① 沉水植物：金鱼藻、黑藻、狐尾藻、微齿眼子菜。

② 浮水植物：睡莲、芡实、萍蓬草、眼子菜、小叶眼子菜、丘角菱、茶菱。

③ 漂浮植物：白萍、品藻、浮萍、紫萍、满江红。

④ 挺水植物：芦苇、香蒲、千屈菜、黄菖蒲、水葱、酸模、荻、宽叶香蒲、草蒲、鸭舌草。

4.3.4.2 林地改造与恢复工程

河流湿地周边的林地大多以人工种植的杨树、柳树、苹果、桃为主，作为速生丰产林和经济林，其吸取养分快、生长迅速，但林下植被稀少，层次单一，生物多样性相对匮乏。同时森林资源结构单一，季相单调，不能突出特色，观赏效果差，不能满足湿地生态旅游景观发展的需要。因此，湿地现有森林既不能满足作为湿地生态旅游景观的需要，也与观光旅游建设相结合的社会需求存在明显差距，也不能满足生物多样性保护的需要，不利于河道水源涵养的需求，需要对规划区现有的森林资源结构进行人为调控。

规划区应对湿地防护林种进行优化配置，林种优化配置方案以森林生态学原理为指导，遵循原生植物群落保护利用与生物多样性规划的原则，模拟自然植被的群落结构，打破植物群落的单一性，根据地形地貌和现有的群落结构特征，按适地适树原则进行人工促进自然更新，设计结构优化、功能高效、布局合理的森林生态系统。

规划中乔木、灌木、花草等应因地制宜地进行配置，种群之间相互协调，形成和谐有序、稳定多样的群落景观。立足现状，改变现有林分森林资源结构，促进生物多样性，避免园林化，确保森林生态系统的良性发展。

　　林种更新可分三期，每期 3~4 年。分期分批更新一定的树林，通过树林的镶嵌组合形成具有多层次结构的垂直郁闭森林群落，不同树种的组合形成色彩多变的季相。通过改变现有的森林结构，实现森林景观多样，形成处处皆景的森林生态景观，促进湿地公园的生物多样性，使公园的森林生态系统得到良性发展。

　　更新树种的选择上，尽量选用乡土树种。可以选择银杏、板栗、麻栎、槲栎、垂柳、旱柳、河柳、白榆、朴树、白蜡、楸树、国槐、刺槐、梧桐、青桐、悬铃木、柘树、杜梨、枫杨、石榴、木瓜、桃、李、杏、柿树、梨、杜仲、漆树、五角枫、七角枫、复叶枫、黄栌、合欢、流苏等。在植被恢复上，可采用分层、分期更新的方式，通常有 3~5 层的植被，一般为乔木层、灌木层和草本层 3 个基本层次。

4.4　景观恢复规划

4.4.1　景观现状

　　河流湿地景观资源丰富但同时存在景观需提升的空间，如驳岸景观单调、河滩地裸露且植被较少导致景观效果差等。

4.4.2　恢复目标

　　通过建设驳岸、人工生态浮岛、在河滩地营造近自然的湿地景观，有效提升湿地景观价值，恢复其自然湿地景观，满足游客的审美需求。

4.4.3　恢复措施

4.4.3.1　建设自然原型驳岸

　　河流湿地驳岸多为自然驳岸，但局部线条僵硬、坡度较陡且植被情况较差。规划对原有驳岸进行整治、清理，改造坡度过大的驳岸为缓坡入水，丰富植物群落，形成从驳岸到水面富有层次变化的植物群落，利用镶嵌组合植物群落净化水质的同时，展现湿地植物丰富多彩的形态特征。设计时应随地形尽量保护自然弯曲形态，并力求做到湿地区域收放有致，以符合美学法则中的统一和谐、自然均衡原则。

保持河流的自然堤岸特性，通过保护现有植被或营造近自然状态下的植被群落来塑造自然的河岸美景。在河流上游建设自然原型驳岸，在自然原型驳岸建设中，河滨带（常水位线以上1m）种植柳树、紫穗槐等植物，浅水区（水深0～1m）主要种植芦苇、菖蒲、慈姑等挺水植物，深水区种植芡实、金鱼藻、黑藻等水生植物。自然原型驳岸意向图如图4-1所示。

(a)　　　　　　　　　　　　　　　　(b)

图 4-1　自然原型驳岸意向图

（图片来源：http://www.sohu.com）

4.4.3.2　建设人工生态浮岛

人工生态浮岛，就是在漂浮于水面的人工浮体结构上面栽植水生植物。漂浮载体采用白色塑料泡沫、海绵和椰丝纤维，在其上钻出若干小孔，将水生植物种到里面，让植物在类似无土栽培的环境下生长，植物根系自然延伸并浮于水体中，泡沫板用铁丝或竹片连接，固定在水中已打好的桩子上，浮岛可以拉动，有利于收割、栽培。大多数湿地水流相对较缓，可以在湿地水体上均匀地布设人工生态浮岛数量，提高湿地的景观质量。如图4-2所示。

(a)　　　　　　　　　　　　　　　　(b)

图 4-2　人工生态浮岛意向图

（图片来源：http://pic.sogou.com）

4.4.3.3　设计近自然化河滩地

规划区的部分河段若有裸露的河滩地，将会影响湿地景观质量，需要通过河流景观近自然化设计改善其景观效果。

在丰水期的河心洲区域种植柳树，河滨带种植柳树、白蜡，浅水区种植芦苇、香蒲等乡土湿地植物，形成近自然的河流景观。

第5章 河流湿地信息管理和经营规划

加强湿地资源保护和管理是湿地公园建设开放的前提，是湿地公园规划工作的核心，也是维持湿地公园可持续发展的关键。

5.1 保护管理站建设

根据管理的需要和场地条件，可在科普宣教区、合理利用区分别建设湿地保护管理站各一处。每个湿地保护管理站建筑风格统一、简洁，与周围环境协调。

每个湿地保护管理站面积大小以满足 2～3 人的正常生活为宜（100m² 左右），设施主要包括大门、围墙、供电、通信、给排水管道、路面硬化、停车场、污水处理设施（化粪池）、场地绿化等建设内容。其中每个湿地保护管理站新修围墙 100m，路面硬化 50m²，场地绿化 100m²。

每个湿地保护管理站配备必要的交通工具和无线通信工具。设备配置主要包括办公设备、巡护设备和其他设备。其中，办公设备包括办公桌椅、计算机、打印机以及直拨电话、移动硬盘等办公必备设备；巡护设备包括巡护电动车，高倍望远镜以及手持 GPS、对讲机、数码相机等设备；其他设备主要包括生活和消防等设备。

日常工作主要包括划定区域的水质监测、鸟类监测、野生动物救助以及开展巡护等，适时适地的掌握公园环境动态，处理突发事件，做好园区的环境预警工作。

5.2 信息管理建设

为了更好地管理河流湿地公园园区内及其周边湿地的监测数据，分析湿地生态变化规律，并为管理决策提供科学的依据，实现数据的共享，发挥湿地公园示范作用，不断完善湿地生态系统功能，综合保护、管理和利用好园区内的湿地资源，必须建立河流湿地监测与信息管理系统，其中包括湿地生态监测子系统、湿地生态信息管理子系统和湿地生态决策支持子系统等。

河流湿地监测与信息管理内容包括本底资源调查、野生动植物资源监测与管理、湿地环境动态监测和综合要素动态监测。

5.2.1 本底资源调查

（1）自然资源

调查湿地的自然地理条件，包括地理位置、土壤条件、气候条件、水文水质条件等，分析整理后归档建库。

（2）生物环境

调查湿地动植物区系、动物群落、植被类型、珍稀动植物种类、物候现象等，分析整理后建立生物多样性数据库。

（3）湿地资源

调查其类型、面积和空间分布。

（4）湿地生物资源

调查湿地鱼类等水生动物资源种类、数量、鸟类和候鸟的种类、数量和迁徙时间，植物种类、数量等。

（5）社区经济

调查社区人口的结构和文化程度，居民的收入和收入结构，社区居民对湿地的了解情况和对湿地保护的意识，社区居民对湿地生态恢复的认知程度等。湿地本底资源调查如图 5-1 所示。

5.2.2 野生动植物资源监测与管理

对珍稀濒危野生动植物造册登记，建立野生动植物资源档案，为制定野生动植物保护和管理措施提供科学依据。

5.2.3 湿地环境动态监测

对湿地气象、湿地土壤、湿地水环境、湿地生物多样性开展动态监测，定期更新动植物名录和绘制动植物分布图，同时要对湿地外来物种进行动态

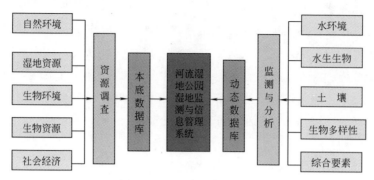

图 5-1　湿地本底资源调查

监测。

5.2.4　综合要素动态监测

综合要素监测包括汤河湿地类型、面积、分布、自然灾害、社区经济状况及对湿地环境的影响等。

通过对河流湿地生物资源的调查，对湿地生态系统恢复过程进行长期动态定位监测，可研究其湿地动植物结构、功能与生态演替，客观评价湿地生态恢复效果，为湿地生态恢复与管理决策提供科学依据。

5.3　信息管理系统的运行维护和管理

利用信息管理系统，对湿地公园保护管理的相关信息进行动态管理，采集和汇总有关政策文件、技术规程规范，建立资料档案、湿地生态系统保护与恢复数据档案、有害生物监测与防治基础数据等信息档案，并进行系统分析、总结，为项目长期管理提供基础和高效服务。

具体来说，整个湿地公园的信息系统建设包含信息采集和储存、信息加工和分析、空间信息分享、信息反馈和信息系统维护。

5.3.1　信息采集和储存

通过多种方式采集相关的数据、资料。在系统建立初期，需要有大量的历史资料或外部资料。在湿地公园运营过程中，也要注意随时收集、掌握相关资料。

5.3.2　信息加工和分析

　　首先整理收集来的数据、使之有序化，如将收集来的信息分类、排序、建立或扩充数据库等。在此基础上，要对加工过的信息进行深入的分析，从而提炼出有价值的信息产品。

5.3.3　空间信息分享

　　经过分析提炼的湿地公园信息不应只被湿地公园保护管理部门知晓，应该在整个湿地公园范围内共享。不仅如此，湿地公园内符合保密原则的信息也应通过互联网等方式，及时与外界共享。这些资料应直接从湿地公园信息系统中提取发布并保持更新，从而保证信息的一致性并便于维护。

5.3.4　信息反馈

　　信息反馈是指湿地公园将收集、获得的信息应用到湿地公园的运营、管理当中，通过这种手段获取反馈信息，根据反馈信息判断信息应用的实际效果与预期结果之间是否出现偏差。若有偏差，则需对原来的信息及时做出调整和修改并再次投入应用。由此看来，信息反馈应是一个持续的、动态的过程，只有建立良好的信息反馈机制，才能保证整个湿地公园信息系统的运行步入良性循环。

5.3.5　信息系统维护

　　信息系统在运行过程中会出现各种问题，这就要求对系统进行维护，以使系统处于最新的正确状态。系统维护将成为一项经常性的活动，现有经验表明，在整个系统生命周期中维护是最重要、最费时的工作。信息系统的维护分为硬件系统的维护、软件系统的维护以及系统的日常使用维护等方面。信息系统维护工作不应随意进行，一般应遵循下面步骤：a. 提出维护修改要求；b. 系统维护计划；c. 系统维护工作的实施；d. 整理系统维护工作的文档。

　　湿地公园保护管理相关部门应切实做好以上信息系统建设的 5 项本底调查内容，以确保信息管理工作扎实有效的开展。确保所收集到的信息能够被迅速传递到相关管理和应用人员手中，并加以利用，使信息切实发挥出相应的作用。

5.4 经营规划

生态旅游营销是连接生态旅游产品和旅游消费者的基本环节，是生态旅游市场开发的中心环节，是以创造和实现生态旅游产品的交换为核心，以旅游消费者的需求为导向，对关于生态旅游的一系列经济行为和活动的协调与管理。在开展生态旅游营销时，必须分析生态旅游市场营销机会，借助专家意见征询信息搜索的方法，从游客、旅行社、协作单位、公众媒体等处获取信息资源，调查和了解生态旅游者的需求内容和特点，在调查分析过程中寻找、发掘和识别市场机会，挑选适合河流湿地公园生态旅游开发目标的营销机会，在此基础上研究和选择目标市场，然后制定具体的营销策略和计划，用以实现河流湿地公园的可持续发展，主要有以下 3 个方面。

5.4.1 加强重点客源地的营销

就游客来源地而言，由于湿地公园国内游客主要集中在本地和鲁南苏北区市的城乡居民，到湿地公园的车程约在 4h 以内，就此类游客而言，可自由支配的收入较多、出游意识较强，而且到公园旅游距离近、花销少、时间上也充裕，出游阻力也比较小。因此，湿地公园应重点加强对此类游客的营销策划，着重开发以休闲游憩为主的周末近距离游和黄金周游。

5.4.2 采取多种形式的宣传手段

① 应该建立湿地公园自有网站，并通过临沂市、各县区政务网、旅游网等网络资源进行宣传，在网站上图文并茂地介绍湿地公园的特色。

② 通过地方性的电视、报纸、专业杂志、电台做广告，定期参加国际、国内举行的旅游展销会。还可以通过联合临沂市各个湿地公园举办湿地摄影大赛、湿地知识竞赛和"湿地高峰"论坛等形式，来扩大临沂湿地公园的知名度。

5.4.3 采取针对性的营销策略

针对不同的游客群体，采取不同的营销策略。

针对青年求新、求异的特点，宣传时要着力强调湿地公园原生态的自然环境；对于 18 岁以下的青少年，可以发挥湿地公园科普学校的资源优势，推出家庭旅游和夏令营等旅游产品；18～25 岁的青年独立意识强、精力充沛，可开展水上运动类旅游产品。

中年人有一定的经济基础，是比较理性的消费者，针对该市场的宣传重点是强调湿地公园颇具特色的旅游景点，如文化体验等。同时加强与旅行社的合作，以提高团队游客及国内外的自然观光客和生态旅游者的数量。

5.5　保障措施规划

5.5.1　政策保障

湿地保护与合理利用已引起各级政府和领导的高度重视。国务院下发了《关于加强湿地保护管理的通知》（国发办［2004］50 号），并指示"采取多种形式，加快推进自然湿地的抢救性保护，努力恢复湿地的自然特性和生态特征"。2005 年 8 月国务院批准的《全国湿地保护工程实施规划（2005—2010年）》中明确指出"湿地公园是城市及其周边地区一种新型的湿地多用途管理区，是湿地保护和合理利用的一种新方式"。

5.5.2　法律保障

为保证湿地公园规划的有效实施，保证湿地生态旅游资源的永续存在和合理利用，对规划的实施应采取一定的措施，从以下几个方面为临沂湿地公园的建设和经营管理保驾护航。

从实际出发，制定临沂湿地公园管理法规，明确政策、规范服务、依法管理、促进湿地保护与旅游业健康发展。

5.5.2.1　与湿地保护有关的法规、条例和管理办法

河流湿地公园的建设与管理，必须做到有法可依，依法管理。依据《湿地公园管理办法》《国家湿地公园总体规划导则》《湿地公园建设规范》《湿地公园检查验收办法》等制度的相关规定及山东省行业主管部门有关公园开发建设文件和指示精神，结合公园的具体情况，制定临沂湿地公园管理办法，

对公园的定位、管理模式、管理制度和资金安排等进行具体规定，从而为公园正常运行提供可操作的政策空间。

5.5.2.2　国家已颁布执行的旅游专业性法规、条例和管理办法

国家已先后颁布执行《国务院办公厅关于加强风景名胜区保护管理工作的通知》《旅游发展规划管理暂行办法》《导游人员管理条例》《旅行社管理条例》《旅行社管理条例实施细则》《旅行社质量保证金赔偿办法》《旅行社经理资格认证管理规定》《旅行社办理旅游意外保险暂行规定》等多项旅游专业性法规、条例和管理办法。

5.5.2.3　与旅游业相关的基础性法律

国家已颁布执行《中华人民共和国土地管理法》《中华人民共和国水利法》《中华人民共和国森林法》《中华人民共和国环境保护法》《中华人民共和国文物保护法》等多项与旅游相关的基础性法律。

5.5.3　资金筹措与管理保障

5.5.3.1　资金筹措

加快临沂河流湿地公园产业发展，必须落实科学发展观，提高思想认识。旅游资源的合理利用可采取基础设施政府投资，娱乐设施政府引导、市场运作的方式，鼓励干部职工，调动一切积极因素，利用一切可以利用的关系，广泛开展招商引资工作，形成全民招商、以商招商和全社会招商的多渠道招商局面。在积极争取国家投资的基础上，加大招商引资力度，吸纳社会资本、民间资本和国际资本投入湿地旅游资源开发市场，为旅游资源开发注入新的催化剂。

（1）多元化的投资体制

本着"谁投资、谁受益""让利在先、得利在后"的原则，从政策上给予优惠，用市场经济的观念和运作方式进行旅游资源的开发、生产、服务、管理和资金筹措，采取多种融资渠道，广泛招商引资，大力推行股份制和股份合作制。

第一，临沂市、各县区政府要尽可能注入较多资金，加强服务设施与基础设施建设。

第二，广泛吸纳个人入股，个人入股可以是公司内部职工，也可以是当

地居民。

第三，争取市、区旅游开发资金。

第四，联合其他企业财团共同开发，经有关部门批准也可采取发行股票、债券的方式向社会募集资金。

总之，不论何种所有制形式、何种经济成分，只要符合条件，都可以参与旅游投资开发。需要提出的是，"投资多元化"不等于"管理多元化"，"谁投资谁受益"不等于"谁投资谁管理"。作为控股单位，投资公司及其旅游公司必须坚持"管理一条龙"的原则，避免因投资主体多元化带来的旅游开发建设经营混乱局面的出现。

（2）争取优惠的税收和金融政策

争取地方政府部门能够减免公园的各项建设、经营方面的税费，如公园的道路建设、营业性景点开发建设等，其固定投资方向调节税可实行先征后返，专款专用政策，其他配套建设费用应予以免除；对营业性建设项目，实行费用减免等政策。金融机构予以低息贷款等。

必须围绕规划目标和任务，认真做好资金的筹备工作，继续加强项目库建设。按照产业结构调整和培育特色经济的要求，在全区范围内广泛征集招商项目。积极参加各项引资活动，并通过网上发布，积极牵线搭桥，多渠道寻找合作伙伴，同时根据有关优惠政策给予奖励。

抓好项目前期工作，确保招商引资后续项目跟进。落实项目责任制，加强协调，主动服务，提供一个"窗口"对外的一条龙服务。将政府的主要工作转换到提供优质服务和改善发展环境，提高工作效率上来。

5.5.3.2　资金管理

（1）资金管理制度

为了加强建设项目的资金管理，提高工程的建设质量，确保工程按进度顺利实施，需建立健全完善的资金管理办法，明确规定项目的使用范围，资金使用时，应符合国家和山东省规定的有关资金合法使用的规定，各项收支都应有账目明细。

（2）资金报账制度

严格执行资金报账制度，有关领导和会计要严格把关，杜绝不合理的支出入账。对资金的来源、使用、节余及使用效率、成本控制、利益分配等做出详细计划、安排、登记及具体报告。先施工、后验收、再资助，促使承建单位以质量换效益，形成共同管理的良好局面。

（3）资金审计和监督

设立资金监管部门，负责对资金使用情况的核查、审计和监督工作。监督预算编制和执行过程中财政法规、政策、制度的执行情况；监督财政资金运用和管理过程是否符合规定；保证各项资金使用的合法、合理，杜绝产生挪用、滥用资金状况，提高资金的利用与使用效率。

5.5.3.3　工程管理保障

工程管理全面实施项目法人责任制、招标承包制、工程建设监理制和合同管理制。同时，各级主管部门应加强对该项目实施的业务指导和对各项工程的检查验收。

（1）招标承包制

按照"公开招标、公平竞争、公正评标"的原则，通过市场竞争机制，选择优秀的建筑承包商参与工程建设；为避免决策失误，委托中介机构代理招标，聘请专家组独立评标，并根据专家组评标推荐意见，通过集体讨论确定中标单位。

（2）工程建设监理制

参照国内外成功案例，通过招标聘请有资质的监理单位负责工程建设监理。监理工程师是项目法人在施工现场的代表，全面负责施工过程中的质量、进度、造价、安全等的监督和管理。

（3）合同管理制

在市场经济条件下，项目法人与设计、施工、监理等参建单位不存在行政领导关系。合同是维持各方关系的纽带。项目法人依照国家法律规定，以合同的方式将建设管理目标与责任关系分解并延伸到施工承包商、工程监理单位、设计单位，形成了设计、施工、监理等对项目法人负责的建设管理机制。

（4）科技保障

旅游电子商务网络标志着旅游业管理的科技含量、信息化管理水平，对健全旅游行业管理机制、规范旅游市场秩序将产生积极影响。随着旅游业的快速发展，现行的旅游管理办法已经与旅游业发展速度不相适应。低水平的管理机制，不但需要投入大量的人力物力，而且管理机制的疏漏，对旅游业的健康快速发展带来了消极影响。

因此，必须运用现代电子信息技术，开发高科技网络管理系统。同时加大电子商务网络宣传，加强旅游宣传促销，吸引游客，拉动消费，扩大收入，提高湿地公园旅游对经济发展、消费增长的贡献。

第6章　河流湿地环境影响评价

　　环境影响评价的主要内容是项目建设过程中对环境破坏的影响，运营过程中对环境污染的程度。河流湿地公园建设应以生态保护、净化水质等目标为基础，项目总体上不会造成新的污染和破坏，而将极大地促进湿地自然恢复和生态演替，改善环境质量。

　　湿地的生态与环境功能可概括为调节气候、控制洪水、提供水源、补充地下水、保护堤岸、去除环境污染物、保留营养物质、维持生物多样性、防止海水入侵、提供可利用的资源、提供野生动植物的栖息地、减缓全球变暖、提供特殊风貌的旅游资源、具有教育和科研价值、可用于航运、成陆造地、美化环境等。现代湿地科学充分证明了湿地具有非常重要的生态与环境功能，尤其涉及人类的生存环境。

6.1　对自然环境的影响分析

　　河流湿地公园建设期和营运期均会对环境产生多方面的影响，但其影响的强度不一，既存在短期、局部的影响，也存在长期、持续的影响。

6.1.1　建设期环境影响分析

　　在湿地公园建设阶段，环境污染因素主要有施工机械噪声、废气和固体废物，这些因素将对周围环境产生不同程度的不良影响。

6.1.1.1　噪声对环境的影响分析

　　建设期的噪声主要来自挖掘机、运输车的作业噪声，施工噪声一般昼间影响距离在50m以内，主要在局部区域如合理利用区内，工程量不大，施工时间短，对环境不会造成太大影响。为减少施工期间噪声对周围声环境的影响，应加强管理，严格遵守《建筑施工场界环境噪声排放标准》（GB 12523—2011）

中关于《建筑施工场界噪声限值》的规定要求。

6.1.1.2　废气、粉尘对环境的影响分析

在施工过程中，土方开挖、弃土和砂石等建筑材料的汽车装卸、堆放可能会产生扬尘，对环境空气质量带来影响，尘埃会飘至下风向数百米远。运输过程产生的扬尘和汽车尾气，在运输道路沿线将造成环境污染。据有关资料介绍，施工工地的扬尘50％以上是汽车运输材料引起的道路扬尘。施工期的扬尘和汽车尾气会污染所在地及汽车运输沿线的空气环境，对居民、游客生活环境有一定影响，同时也可能影响其他路段两侧的土壤、林木、农作物、水和建筑表面。

由此可采取如下措施：为减少影响，应加强管理，文明施工，建筑材料轻装轻卸；车辆出工地前应尽可能清除表面黏附的泥土等；运输石灰、砂石料、水泥等易产生扬尘的车辆应覆盖篷布；临时堆放的土石方、砂料场及临时道路等必要时应洒水，挖方应尽早清运回填。

6.1.1.3　废水对环境的影响分析

施工期产生的废水主要是施工场地和路基路面产生的雨污水、施工人员的生活污水，主要污染物为SS（悬浮物）、COD（化学需氧量）、油类等。雨污水随地表水进入水体，使水中悬浮物、油类、耗氧类物质增加，影响地表水水质，造成水体污染。

因此，施工期间要注意文明施工，雨污水应收集沉淀后排放，尽量减少对水环境的影响；施工人员的生活污水不得随意排放，建设临时的生活设施，临时食堂的厨房设简易的隔油池；设临时厕所、化粪池，委托当地农民定期清运作农肥，也可以就近利用公园已建成的卫生设施。

6.1.1.4　固体废弃物对环境的影响分析

主要为建筑废料，应及时送达指定地点妥善处理。

综上，工程施工时间相对较短，其产生的影响是临时性的，只要采取措施，加强管理，其暂时的影响也可大大减少。

6.1.2　营运期环境质量影响分析

营运期对环境质量的影响，将是主要的也是长期和持续的影响。其主要

表现为游览交通工具、游客行为及服务设施污水等。

6.1.2.1 空气环境的影响分析

游览工具采用电瓶车，不会产生尾气排放，对沿线大气环境无影响。生活及服务设施取暖、供暖尽可能采用太阳能、电能和化学能（石油、液化天然气）。公园内餐饮设施、炉具采用液化气或柴油等能源，禁止使用燃煤炉具。住宿设施采用电暖气或空调供暖，因冬季为旅游淡季，游人较少，可不设燃煤供暖设施，洗浴利用太阳能，采用淋浴式。因此废气对环境影响不大。

6.1.2.2 水环境的影响分析

对水环境影响主要为服务设施生活污水的影响，但生活污水排放量较小，且处理后直接排放，不会对水体造成明显的影响。

6.1.2.3 声环境影响分析

营运期的噪声主要表现为交通工具噪声和游客喧哗声，野生动物将长期遭受影响，离旅游线越近受到的影响越大。规划不设置广播系统，禁止电瓶车鸣喇叭、电瓶船鸣笛。在湿地观光区景点周围、游船上设提示牌，提示游客爱护环境，禁止大声喧哗。

6.1.2.4 安全环境影响分析

在规划中不存在对安全环境造成影响的项目。

6.2 对生物多样性的影响分析

生物多样性对人类具有巨大的、持续的和不可替代的价值，它是人类群体得以持续发展的保障之一，因此生物多样性保护已成为全世界环境保护的核心问题。生物多样性包括基因多样性、物种多样性和生态系统多样性三个层次，人类活动对生物多样性的影响分析，一般从影响生物的个体研究开始，分别研究生物的个体、种群、群落、生态系统直至整个生物圈。河流湿地公园的建设工程中，特别提出湿地生态保护与恢复工程，通过人工手段促进物种多样性，有利于河流湿地生物多样性充分发挥。规划的道路、服务设施等对野生动植物生境的影响是有限的，不会危及某类野生动植物的种群或群落，更不会破坏某类珍稀野生动植物的生境。

尽管对生物多样性的直接影响不显著，但工程建设仍会带来一些间接影响，主要表现如下。

① 游人的喧哗对野生动物会造成一定的干扰，特别对野生鸟类有一定的影响。因此，参与性的游览活动一定按规划在划定的区域进行，在湿地观光区景点周围、游船上应设立提示牌，提示游客爱护环境，禁止大声喧哗、乱扔垃圾。

② 游船航道会对生物廊道造成一定影响，因此，旅游船道规划充分利用现有航运船道，并且避开生态保育区，不再单独设置游船航道。

③ 生态保育区、重点保护区不设置任何水上游乐项目。

6.3 对生态效能的影响分析

6.3.1 生态脆弱性影响分析

湿地生态系统是比较脆弱的生态系统，对此类生态系统，如关注不周则会对生态环境造成不可逆转的影响。就大多数湿地公园而言，生态脆弱性影响重点在于上游来水减少和工业污染，可能引起水生植物群落的逆向演替，可通过修筑拦河坝、开挖输水河从沂河、沭河引水等方式解决此问题。公园建设工程和旅游不存在引起生态脆弱的问题。

6.3.2 生态安全性影响分析

一般地说，起生态安全作用的生态系统主要有两类：一类是江河源头；另一类是对城市或人口、经济集中区有重要保护作用的地区。河流湿地公园建设区属于第二类地区。规划中的部分建设项目有利于生态安全的稳定性，特别是公园的建设将有效地遏制乱丢乱建、居民区扩张等侵占湿地的现象，项目的实施将增加河流湿地面积，充分保证湿地生态安全性。

6.3.3 生态敏感性影响分析

上游来水水口和河心保护区为湿地公园的生态敏感区，为此，在上述地点设置湿地监测站 3～5 处，严格监测水质变化。公园游览按照环境的总容量控制日容量，加之严格管理，游览活动不会对生态敏感性造成显著影响。

6.4 对人文环境的影响分析

临沂市的河流湿地公园是在市、县人民政府领导下完成的，它的实施建立在本地乡土文化基础之上。因此，湿地公园的建设不仅不会对当地人文环境产生影响，相反还将有助于传播湿地文化，开展科普教育，提高环境保护意识，促进国内、外科研合作与文化交流，对本区的现代化及社会可持续发展产生积极作用。

由此可见，河流湿地公园的建设对当地自然环境和人文环境建设不但不会产生明显的负面影响，相反，通过本项目实施，还将极大推动该地区的环境优化。湿地公园建设旨在改善区域及周边地区的生态，对发展循环经济，促进城市和区域经济的可持续发展和社会生活水平的提高，有着巨大而不可替代的作用。

6.5 湿地公园的环境保护措施

在湿地公园的建设中，将进行一系列的针对污染现状的处理措施，例如：退耕还林、退塘还湿，控制种植活动强度，控制建筑物的数量，限时限地禁止一些道路的通行等。除生态保护规划中对水源、水质和水系的保护措施外，湿地公园环境保护措施还包括噪声、固体废弃物、光污染、大气污染等方面的防治措施。

湿地公园的环境保护具体有以下 6 种措施。

（1）污染治理措施

为保证湿地水质安全达标，临沂市对污染河流的企业、单位实行关、停、并、转、迁等措施。但在湿地公园周边部分养殖场仍可能使用抗生素和杀虫剂污染水质，生活垃圾、噪声等对湿地环境的污染仍然会存在，应通过提高技术水平、加强管理找出湿地污染存在的相关问题，并提出相应的治理措施，提高河水自净能力，使园区水质始终达到地面水三类标准及以上。

（2）改变项目区内农业生产方式，控制农业面源污染将湿地公园内的农地一部分改造成高效有机农田，另一部分改造成防护林。高效有机农田以施用有机肥为主，利用生物方法防治病虫害，最大限度地减少化肥农药的使用量。

（3）加强生物吸收和吸附作用

降低水体的富营养化和重金属含量，并通过定期生物体收获和清淤，保障公园水质动态平衡。

（4）确保公园水体间及与周边水体间的流动和周转

主要利用大气降水、引入沂河、沭河补水和城市中水作为湿地稳定水源，保障湿地水源年周转次数，有效保障水质。

（5）废弃物集中清理

对湿地公园及其周边区域进行一次全面、集中的废弃物清理。同时，在局部废弃的污染严重的区域进行必要的消毒，以防止相关疾病的传播。

（6）水面日常保洁

组织专门的队伍定期对水面及周边区域的废弃物进行清理和集中处理，减少固体污染物对水体的破坏，并保护良好的水体景观。

综上所述，湿地公园的建设是为了更好地保护和恢复湿地生态系统，提升河流湿地景观资源品位，提高其景观生态文化氛围。在施工期间，对施工区域的景观环境要素虽然存在些微小影响，但是只要进行有效的管理和控制，就不会对主景区或其他地区造成明显影响。在项目建成后，由于施行相关环保措施，项目所在区域的景观环境要素能够保持或恢复到建设前水平，并且有所提升。

总之，在有效的环境保护措施前提下，湿地公园的建设对所在区域的环境无显著不良影响，反而对其生态环境和景观品位有所提升。

第7章 临沂市河流湿地公园案例分析

千百年来,湿地哺育着当地的百姓,每一条河流都有自己独特的历史、文化和自然景观。这里选取汤河、祊河、苍源河、白马河和李公河5条河流予以分析:汤河流域盛产海棠花,那是临沂的市花,沂州的名片;祊河穿越市区汇入临沂的母亲河——沂河,东归大海;苍源河流经临沭城区,供给南部数个乡镇的饮用水;白马河将郯苍平原与苏北平原相连接,当地民众广植水稻,已是鲁南地区的"鱼米之乡";李公河记载着一段数百年的明朝知州李蕚治水救百姓的历史。

7.1 临沂汤河湿地公园规划

7.1.1 基本情况

临沂汤河湿地公园(以下简称湿地公园或公园)位于河东区。规划区西北起于汤头北汤河桥,东南至汤河与沭河交汇处,包括汤河主河道、漫滩、三角洲、鱼塘、周边部分堤坝。河道南北长 27.63km。地理坐标介于东经 $118°30'34''\sim118°34'49''$,北纬 $35°03'28''\sim35°15'19''$之间。河床最宽处 260m,最窄处 100m,平均宽 178m,规划总面积 1020.38hm^2,其中湿地面积 692.34hm^2,湿地率 67.85%。

临沂市河东区位于山东省东南部,临沂市东部,为临沂市辖区。地理坐标为北纬 $34°35'\sim35°20'$,东经 $118°22'\sim118°40'$,西隔沂河与临沂市兰山区和罗庄区相望,东隔沭河与临沭、莒南相邻,南隔引沂入沭水道与郯城县相接,北与临沂沂南县毗邻。东临日照、岚山、连云港三大港口,辖区内飞机场与全国各主要城市通航。兖石铁路横穿东西,胶新铁路纵贯南北,205 国道、206 国道、327 国道和 342 省道纵横交错,县乡公路四通八达,交通条件十分便利。临沂市汤河省级湿地公园总体规划见书后彩图 1(a)~(h)。

7.1.2　气候

（1）气候类型

湿地公园属暖温带季风区半湿润大陆性气候，大陆度 61.1%。气候特征是：春季温暖，干燥多风；夏季湿热，雨量充沛；秋季凉爽，昼夜温差大；冬季寒冷，雨雪稀少。四季分明，光照充足，无霜期长。

（2）气温

湿地公园历年平均气温为 13.2 ℃，极端最高气温 40 ℃，极端最低气温 -16.5 ℃。历年春季平均气温为 13 ℃，夏季为 25.3 ℃，秋季为 14.6 ℃，冬季为 0.1 ℃。月气温以 1 月最低，7 月最高，平均为 27.7 ℃，日较差为10.2 ℃。平均初霜期在 10 月 20～25 日，初霜最早在 10 月上旬，最晚在 11月上旬，终霜最早在 3 月中旬，最晚在 5 月 5 日，无霜期平均 202 d。结冰最早为 10 月 27 日，最晚为 4 月 12 日，结冰期平均为 98 d。

（3）光照条件

湿地公园年平均日照为 2357.5 h，日照时数为 5、6 月最多，2 月最少。光照可满足农作物生长季节需求。

（4）降水状况

湿地公园累积年平均降水量 825.2mm。7、8 月降水最多，1 月降水最少。月最大降水量为 704.1mm，日最大降水量为 257.7mm。雨季一般始于 6月下旬，9 月初结束，暴雨则多发生在 7～8 月。降雨年际变化较大，最大年降雨量 1167mm，最小年降雨量 449mm。平均降雪初日为 12 月上旬，终日为3 月中旬；最早降雪初日在 11 月 8 日，最晚终日在 4 月 28 日。

7.1.3　土壤与植被

（1）土壤

湿地公园地处临郯苍平原腹地，土质肥沃，主要有棕壤、潮土、砂姜黑土、水稻土四类。水稻土分布较广，约占湿地总面积的 30% 以上，潮土主要分布于河流两岸，砂姜黑土主要分布在凤凰岭和重沟西部，棕壤主要分布在八湖和刘店子交界处的长红岭。

（2）植被

湿地公园属于暖温带阔叶林带，境内原始植被已遭破坏，现存天然植被多属次生植被，为温带常绿落叶林，温带落叶灌木、草丛等类型。自然植被以禾本科杂草为主；林木植被主要为人工栽植的暖温带落叶阔叶用材林和落叶阔叶与针叶混交林；滩地上生长有芦苇、蒲草、菱等水生植物；草类以自然生长的茅草为主，多生长在路旁、堤坡等地方。林木覆盖率为 21.3%。

常见乔木有赤松、侧柏、毛白杨、小叶杨、刺槐、柳、榆、臭椿等树。果树有苹果、梨、板栗、桃、杏、大枣、柿子、李等。此外，还有水杉、泡桐、毛竹等。

常见灌木有紫穗槐、胡枝子、酸枣、荆条、山兰、芫花、葛、木通、茶树等；平原地带还有白蜡、白柳等。

草本植物：荒坡主要生长着黄背草、白羊草、霞草、卷柏、结缕草、羊胡子草、马唐、蟋蟀草等；地堰多被剪刀股、独行菜、米口袋、紫花地丁、马唐等所覆盖；浅水沟、塘多生长苇、荻、蒲等；河岸、排水沟旁多被白茅、柳叶箸等群落覆盖；水生植物有莲、菱、荸荠、黑藻、浮萍等；粮食作物主要有小麦、玉米、地瓜、大豆、谷子、高粱、水稻等；经济作物主要有花生、黄烟和蔬菜、药材等。

湿地公园草本群落覆盖度较大，多在 0.7～1.0 之间，夏季生长旺盛，水土保持能力很强。

7.1.4 土地利用现状

规划总面积 1020.38hm²，其中湿地面积 692.34hm²，湿地率 67.85%。分为水域、水利设施用地、林地、园地及季节性耕地等，各类面积如表 7-1 所列。

表 7-1 土地利用现状表

序号	地类	面积/hm²	序号	地类	面积/hm²
1	河流	575.38	6	其他园地	9.10
2	池塘	112.70	7	其他林地	92.60
3	林地	126.30	8	水浇地	51.40
4	旱地	34.10	9	水工用地	0.50
5	其他草地	18.30	10	总面积	1020.38

7.1.5 规划总目标与分期目标

7.1.5.1 规划总目标

通过汤河湿地公园的规划和建设，保护和恢复汤河湿地生态系统，保证湿地资源的可持续利用，有效发挥汤河在调蓄洪水、涵养水源、保护生物多样性、提供湿地产品等方面的多种生态效益、经济效益和社会效益，最终实现规划区内湿地生态系统健康完整、景观资源丰富、科普宣教设施完善和休闲娱乐条件优越，使其造福当代，惠及子孙。

① 与湿地公园周围环境和谐共生、互利互依。

② 在具有自然生态美感的景观基调下，加强个性文化、原生文化的挖掘，延续其历史人文脉络。

③ 促进规划范围内及周边区域的经济转型与发展，塑造人地和谐的典型示范区。

7.1.5.2　规划期限

汤河湿地公园建设是一项综合性的保护、整治工程，根据规划先行、分期实施的原则，规划期限为 2013～2018 年，共计 6 年，分三期实施：一期（起步阶段 2013～2014 年），共计 2 年；二期（发展阶段，2015～2016 年），共计 2 年；三期（完善阶段，2017～2018 年），共计 2 年。

7.1.5.3　分期目标和实施进度

（1）一期：起步阶段（2013～2014 年）

一期规划的目标：优先安排生态保育区和管理服务区部分公共基础设施建设，完成后公园要具备一定范围的开放能力。优先建立湿地公园的管理机构、管理服务设施，制定各种规章制度，初步构建保护管理体系和科研监测体系。重点进行生态保育区建设，实施湿地保育工程，包括局部地区的湿地植被修复，科研监测和设施建设等。此外，还需进行道路系统和水电等基础设施建设，美化绿化公园环境，形成湿地公园管理、运营框架以及景观的雏形。

（2）二期：发展阶段（2015～2016 年）

重点进行科普宣教区和合理利用区的基础设施建设，利用现有资源，进行科普宣教活动。

首先，对科普宣教区的湿地博物馆进行建设，并完善科普宣教区其他剩余项目和基础设施，确保建成后可全面开展湿地科普活动。

其次，进行合理利用区内游乐项目的一些基础设施建设。在建设过程中，需要注意农业及农业观光旅游服务及接待设施。以期能够逐步开展科普、观光、观鸟等活动，初步建成具有汤河湿地特色、品牌突出的省级湿地公园。

（3）三期：完善阶段（2017～2018 年）

完善合理利用区其余旅游项目及其基础设施建设。重点完成湿地公园的生态游乐服务设施以及管理服务设施等建设，逐步建成集生态游乐、文化体验、休闲观光为一体的汤河湿地公园，打造公园品牌特色，实现湿地保护与合理利用的完美结合。

7.1.6 功能区划

根据用地现状和资源保护与利用的有关要求，按照自然、人文单元完整性的原则，将规划区分为管理服务区、生态保育区、科普宣教区、恢复重建区、合理利用区等五个区域。实行分区管理，分别设立管理目标，制定技术措施，比例和面积如表 7-2 所列。

表 7-2　临沂汤河湿地公园分区面积和比例

分区名称	面积/hm²	比例/%
管理服务区	13.30	1.30
生态保育区	292.71	28.68
科普宣教区	73.63	7.22
恢复重建区	95.48	9.36
合理利用区	545.26	53.44
总计	1020.38	100.00

7.1.6.1 管理服务区

管理服务区位于汤河镇政府驻地东三角洲的西南部，面积约 13.30hm²，占公园总面积的 1.30%。管理服务区主要建设内容有公园管理处、服务中心等配套基础设施。主要功能是为游客提供休息、餐饮、购物、娱乐、商务会议、医疗、停车转换等活动场所，形成湿地公园的标志形象。

7.1.6.2 生态保育区

生态保育区从管仲河与汤河交汇处到东洽沟村南，面积约 292.71hm²，占湿地公园总面积的 28.68%。

由于何家湾拦河坝的建成，自拦河坝往下至洽沟大桥段，每年长达半年的枯水季节大部分河床出露，形成大量水泡、沙洲、沼泽、滩涂等湿地生境，成为各种水鸟的重要栖息地。此区目前的生态状态良好，人类的活动较少，自然景观优美，植被种类丰富，鸟类数量繁多；分布有小岛，生物多样性丰富，为大量的水鸟提供了栖息、繁殖和越冬的理想场所。

7.1.6.3　科普宣教区

科普宣教区位于汤河镇政府驻地东三角洲，面积约 73.63hm^2，占湿地总面积 7.22%。此地区原是古汤河道形成的三角洲，后因汤河裁弯取直而成为现在的地貌。该区域是进行科普教育的主要场所，兼有户外休闲功能。通过区内沼泽、溪流和湿地植物等湿地景观，以及湿地净化水质展示等途径，展示湿地生态服务功能，让游客直观地感受到湿地生态系统对于人类生存和发展的重要性，全面地了解和认识汤河湿地，从而提高人们的湿地保护意识。科普宣教包括人工湿地展示、湿地植物培育、湿地植物观赏等内容。

7.1.6.4　恢复重建区

恢复重建区位于湿地公园北部，从 206 国道至西北场村北汤河桥，面积约 95.48hm^2，占湿地总面积的 9.36%。

此河段两岸存在着五湖、盖家五湖、李家五湖、小张家五湖、刘家五湖、王家五湖、大徐家五湖、朱家五湖、石家五湖、小徐家五湖、大张家五湖、蒲沂庄、高家柴埠河、窦家柴埠河、岳家柴埠河、蒋庄、郭圪塔墩、王圪塔墩、边圪塔墩、张圪塔墩 20 个村庄，受村民生产生活的影响较为严重，湿地生态较为脆弱，植被比较单一，植物种类主要为杨树和狗尾草等草本植物。

7.1.6.5　合理利用区

合理利用区包括湿地体验区、湿地休闲区和生态渔农体验区 3 个分区，面积 545.26hm^2，占湿地公园总面积的 53.44%。

（1）湿地体验区

位于湿地公园南部，从旦彰街至汤河与沭河交汇处，面积约 78.76hm^2。因 1975 年曾对此河道进行裁弯取直，加高堤防，故此河段较宽阔。主要包括河流水面和滩涂，两侧有宽厚的堤防。堤防上有 25～50m 宽的防护林带，部分地段林带外有鱼塘。

（2）湿地休闲区

位于管仲河北段，从管仲河源头至徐八湖村东南管仲河桥，面积

$37.57 hm^2$。此河段较窄，北部与汤河交汇处有少量鱼塘，西部紧临八湖镇，河东为郭圪塔墩和管仲河崖村。附近人口比较密集，西面 800m 处即为八湖镇万亩荷塘。

（3）生态渔农体验区

该区呈"V"字形，西部从徐八湖东南管仲河桥至管仲河与汤河交汇处，东段从西北场北汤河桥至管仲河与汤河交汇处，面积 $428.93 hm^2$。西部河道较为顺直，且河道两侧多种植水稻和杞柳，东部河道较弯曲，多鱼塘，土地多种杞柳。

7.1.7 投资估算

7.1.7.1 估算原则

① 坚持"全面规划，分期实施，重点投放，经济合理"的原则。

② 分期投入的原则。

7.1.7.2 估算说明

根据项目建设期限，投资年限为 4 年，即 2013～2016 年。

建设投资构成分为工程费用、其他费用和预备费。

工程费用包括各保护工程费用、科普宣教工程费用、旅游规划费用、基础设施建设费用。

其他费用包括以下几项。

① 咨询费：按国家计委《建设项目前期工作咨询收费暂行规定》（计价格［1999］1283 号）执行。

② 勘察设计费：按国家计委、建设部《工程勘察设计收费管理规定》（计价格［2002］10 号）执行，调整系数 0.8。

③ 招投标费：按国家计委《招标代理服务收费管理暂行办法》（计价格［2002］1980 号）执行。

④ 建设单位管理费：按《基本建设财务管理规定》（财建［2002］394 号）执行。

⑤ 工程监理费：按国家发改委、建设部《建设工程监理与相关服务收费管理规定》（发改价格［2007］670 号）执行，调整系数 0.9。

⑥ 基本预备费：工程费用和其他费用的 5%。

7.1.7.3 投资估算

经估算，临沂汤河省级湿地公园建设项目总投资为 46421.21 万元，其中工程费用为 42833.39 万元，占总投资的 92.27%；其他费用 1377.29 万元，占总投资的 2.97%；预备费 2210.53 万元，占总投资的 4.76%。工程费用中，湿地保护工程投资 1681.99 万元，占工程费用的 3.93%；科普宣教投入 3162.9 万元，占工程费用的 7.38%；恢复工程投资 24902.00 万元，占工程费用的 58.14%；科研监测工程投资 143.3 万元，占工程费用的 0.33%；基础设施建设投资 10072.00 万元，占工程费用的 23.51%；合理利用设施建设投资 2871.20 万元，占工程费用的 6.70%。

项目费用按用途分：建安费 11006.79 万元，占总投资的 23.71%；设备费 6869.60 万元，占总投资额的 14.80%；其他费用 28544.82 万元，占总投资额的 61.49%。

7.1.7.4 项目实施及资金安排

按照工程建设内容的期限投入：一期（2013～2014 年）投入 38251.95 万元，占总投资的 82.40%；二期（2015～2016 年）投入为 6651.27 万元，占总投资的 14.33%；三期（2017～2018 年）投入为 1518.00 万元，占总投资的 3.27%。湿地公园投资估算如表 7-3 所列。

表 7-3　临沂汤河湿地公园投资估算　　　　　　单位：万元

建设内容	投资额	投资成本			投资期限		
		建安费	设备费	其他	一期	二期	三期
					2012～2013	2014～2015	2016～2017
建设总投资	46421.21	11006.79	6869.60	28544.82	38251.95	6651.27	1518.00
1. 工程费用	42833.39	11006.79	6869.60	24957.00	35769.39	5546.00	1518.00
1.1 保护工程	1681.99	1367.79	314.20	—	1681.99	—	—
1.2 恢复工程	24902.00	—	—	24902.00	24902.00	—	—
1.3 科研监测	143.30	—	128.30	15.00	—	143.30	—
1.4 科普宣教	3162.90	300.00	2822.90	40.00	3114.00	48.90	—
1.5 基础设施	10072.00	7750.00	2322.00	—	5390.00	4032.00	650.00
1.6 合理利用	2871.20	1589.00	1282.20	—	681.40	1321.80	86800
2. 其他费用	1377.29	—	—	1377.29	1377.29	—	—
3. 预备费	2210.53	—	—	2210.53	1105.27	1105.27	—

注：1. 总投资额与分期投资总额存在差异是由小数点后数字四舍五入造成的

2. "—"表示无数据。

7.2 临沂祊河湿地公园规划

7.2.1 自然地理条件

临沂祊河省级湿地公园总体规划自然资源分布如书后彩图 2（a）所示。

7.2.1.1 公园区位

临沂祊河位于山东省临沂市兰山区境内，流经费县和兰山区，东南与沂蒙山区母亲河——沂河相接，为沂河的最大支流，西北起费县南东洲村，东南至沂河，有浚河、温凉河、上冶河、薛庄河、胡阳河、方城河、古城河、朱田河、朱龙河、丰收河等支流注入。湿地规划区与临沂市开发区相邻，京沪高速公路从湿地公园穿过，距临沂市中心 14km，临沂机场 20km，南距327 国道 3km，地理位置优越，交通十分便利。

规划区始于小戈庄河西村橡胶坝、终至花园村橡胶坝，地理坐标介于东经 $118°11'41''\sim118°15'29''$，北纬 $35°10'18''\sim35°11'00''$ 之间，东西跨度5.6km，河床平均宽 650m，总占地面积 504hm^2。

7.2.1.2 地质地貌

临沂祊河湿地公园地处华北地台鲁西地块。地质构造极为复杂，深源岩石主要有石灰岩、页岩、砂岩以及与金刚石有关的金伯利岩、留辉岩两类。新生代以来，纵向上发育一系列新活动的纵向断裂，将整个地块切割成若干小块体，并控制着白垩纪至晚第四纪沉积。

规划区地貌为冲积平原，地势呈槽状，东西沿祊河条带分布，整个园区由西北向东南缓倾。

7.2.1.3 气候

属暖温带季风区半湿润大陆性气候，光照充足，雨量充沛，气候适宜，四季分明。春季少雨多风，空气干燥；夏季雨量集中，为全年降水最多季节；秋季气温下降迅速，降水变率较大；冬季寒冷干燥，雨雪稀少，年均降水量880.2mm。历年平均气温 13.3 ℃，7 月最高，1 月最低。多年光照时数为2357.5 h，日照百分率为 55%，无霜期 202 d。充足的光照，较多的热量，温和的气候，加之无霜期较长和雨热同季，对动植物生长繁殖极为有利。

7.2.1.4 土壤

兰山区内属于潮土地带，因母质、地形及人为耕作等因素的影响形成潮土、水稻土、褐土、砂姜土、棕壤土 5 个土类 11 个亚类。区内土类受微地貌影响较大，沿河高阶地主要为河潮土，低山丘陵主要为棕壤及少量的褐土，平原涝洼地主要为砂姜土和一部分幼年水稻土。

规划区内土壤多由祊河新老冲积物母质形成，受河流影响，近河处结构多为砂土、砂壤，离河较远处则为黏土和重黏土。土壤富含矿物质养分，自然肥力较高。

7.2.1.5 水文

(1) 水文状况

水资源主要来自大气自然降水、河流客水和地下水。祊河有两源头，北源浚河，为祊河干流的上源；南源温凉河，为祊河较大支流。浚河、温凉河会于南东洲村，以下始叫祊河。流向自西向东南，在岩坡和胡阳两镇分界处河床宽达千余米，自此被沙丘（称大滩）分为两支，行 2km 后又交汇，至新桥镇小于村呈 "V" 形走向，枣沟头镇花园村西南合二为一，于兰山北关汇入沂河。有上冶、薛庄、胡阳、方城、古城、朱田、朱龙、丰收等上游河流注入。

祊河全长 137km，总流域面积 3376km^2，河床平均宽 1200m，入沂口处宽 2034m，最大过水量 6600m^3/s。正常容水 6.0×10^7m^3，最大水深 2.7m，平均水深 0.8m。由于上游取水量较大，祊河水域面积逐年减少。近年来，临沂市政府大力开展河道治理工程，沿河梯次设立橡胶拦水坝，祊河来水量明显增加，河流湿地逐渐恢复。

(2) 水质状况

1) 祊河地表水质量现状 祊河地表水的主要来源即过境河流，浚河、温凉河、上冶河、薛庄河、胡阳河、方城河、古城河、朱田河、朱龙河、丰收河是祊河湿地主要水源，其中浚河和温凉河分别是平邑县和费县城区的主要排水通道，承担着城区 90% 的排水任务。

2008 年以来，临沂市政府投资 2.9 亿元实施了祊河综合整治工程，投资 7000 多万元实施了浚河和温凉河综合治理工程，对河道沿线排污企业全部关停、并转，祊河地表水水质已有明显好转，逐渐达到Ⅲ类标准。

　　2）公园地下水质量现状　兰山区地下水大都为钙型水，矿化度一般小于
0.5g/L，北部山区偏高，由此向南逐渐变小，总硬度由北部丘陵李官镇
500g/L 下降到南部平原区 100g/L，pH 值介于 7.1～7.7 之间，个别达 8.4，
小于 7.0 极少出现。据有关统计资料看，浚河、温凉河两岸及祊河浅层地下
水受到轻度污染。主要污染物成分为硫酸盐、氯化物。从 2008 年监测结果来
看，公园内各井水水质均满足《地下水质量标准》（GB/T 14848—1993）Ⅲ
类标准，中深层饮用地下水质量状况良好。

7.2.1.6　动植物

　　规划区内有维管植物 37 科，97 属，122 种（包括变型或亚种），包括国
家一级保护植物水杉。动物 8 纲 34 目 71 科 138 属 177 种，其中水产类 15 目
24 科 53 属 58 种，鸟类 11 目 33 科 65 属 95 种，哺乳类 4 目 5 科 10 属 10 种，
两栖爬行 4 目 8 科 14 种。此外，还有昆虫类动物 541 种。国家一级保护鸟类
白鹳、白枕鹤、丹顶鹤 3 种和二级保护鸟类鸿雁、白额雁、大天鹅、雀鹰、
白尾鹞等 12 种，还有黄苇鳽、大麻鳽被列入国家保护的有益的或者有重要经
济、科学研究价值的野生动物名录。

7.2.2　社会经济条件

7.2.2.1　经济状况

　　湿地公园规划区涉及兰山区义堂镇和枣沟头镇的 15 个行政村。义堂镇民
营经济十分发达，有板材、机械、食品、化工、建材为主的五大主导产业。
其中，板材业为全镇的支柱产业，板材加工业及相关产业 1600 余家，年可加
工木材 $8.0 \times 10^6 \mathrm{m}^3$，生产各类板材 3.2 亿张，是全国闻名的"板材之乡"。枣沟
头镇支柱产业包括有色金属、板材加工、机械制造、绢纺加工、饲料加工和禽
类食品生产等。全镇规模以上企业 46 家，其中市级龙头企业 3 家，区级龙头企
业 7 家。2009 年枣沟头镇实现工业总产值 124.8 亿元，规模工业完成产值 36.11
亿元，利税 5.2 亿元，实现利润 3.72 亿元，地方财政收入 1489 万元，农民人均
纯收入 6360 元，储蓄存款余额 5.6 亿元。

7.2.2.2　交通、通讯

　　湿地公园地处兰山区西北部，兰山区和费县交界处，南与临沂市工贸开发
区相邻，京沪高速公路从湿地公园穿过，距临沂市中心 14km，临沂机场 20km，

南距 327 国道 3km，地理位置优越，交通十分便利（见书后彩图 2（d））。

临沂祊河省级湿地公园周边村村实现了"五通"，即通柏油路、通客车、通自来水、通程控电话、通有线电视，乡镇设有邮电局，有线通讯直通各村，无线通信已实现无盲区。交通与通讯十分便利，为城乡交流沟通，拓宽流通渠道，繁荣公园经济起到了很大的作用。

7.2.2.3 土地利用现状

临沂祊河省级湿地公园总体规划布局图见彩图 2b。临沂祊河省级湿地公园规划总面积 504hm^2，其中水域面积 216.72hm^2，耕地面积 194.88hm^2，林地面积 9.07hm^2，园地面积 20.16hm^2，其他（主要是堤坝路等）面积 11.59hm^2，如图 7-1 所示。

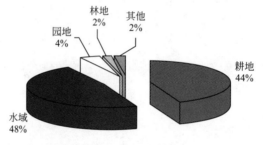

图 7-1　土地利用现状

7.2.3　湿地公园性质定位

7.2.3.1　性质定位

根据对资源的分析和建设条件论证，考虑到湿地公园建设和开发趋势，临沂祊河湿地公园应定位在：以湿地资源保护、修复为前提；以祊河湿地生态系统和历史文化为主要景观资源；以湿地休闲观光、科普教育、度假休闲为主要内容的综合性湿地公园。

7.2.3.2　形象定位

形象定位：中国最具魅力的河流湿地公园。

将湿地生态、湿地休闲和湿地教育融合为一体，建设最具魅力的河流湿地公园。寓教于乐，在充分感受湿地自然之美的同时，建立起湿地保护意识。

① 通过建立丰富的人工湿地形态，增强湿地的多样性。

② 建立综合的网络状的游憩系统，实现多级湿地参与体系。

③ 通过设立湿地展示馆、湿地植物温室、鸟类博物馆等场馆，进行湿地植物及生物的科普教育。

④ 建立完整的户外及室内解释系统，使人们在游憩的过程中充分了解湿地知识，并与湿地植物、湿地生物建立起沟通。

⑤ 最终在高度的参与中实现人与自然之间的紧密联系，并通过完整的解释系统，以图文与场景结合的方式，使人们真正体会保护自然和保护生态的迫切性。

7.2.3.3 功能定位

临沂祊河湿地公园集湿地生态、湿地净化、湿地旅游三大功能为一体，具有十余种湿地功能，是未来区域"城市之肾"，可建成临沂"物种的基因库""鸟类的乐园"，将是临沂水文化建设的又一亮点，是临沂市一张新的城市名片，生态旅游规划图见书后彩图 2（c）。

7.2.4 规划目标

临沂祊河湿地公园承担着保护湿地自然生态，开展科学研究、科普教育、生态旅游和带动区域经济可持续发展等基本任务。依据湿地公园性质和当地经济社会发展要求，确定其发展总目标：充分利用临沂祊河省级湿地公园的自然景观资源，整合已有的各种旅游资源，通过全面改善公园水质，加强对湿地保护、科普宣教、旅游观光、体验休闲等功能的统筹安排，将临沂祊河湿地公园建设成为整体形象明显、基础配套服务设施完备，自然、文化和生态和谐发展，具有独特地理位置、浓郁地方特色和体现沂蒙文化精髓的国内一流旅游景区，达到"保护—开发利用—管理—发展"四个环节的良性循环。

在总目标的引领下，具体体现为以下 5 个具体目标。

（1）国际级旅游景点

建设一个国际级的旅游景点，服务市民、游客，同时为对野生生物和生态学有专门兴趣的人士提供一个研究基地，以提高地方及中外游客在临沂的旅游体验。

（2）临沂生态文明建设的亮点

将祊河湿地融入临沂的水文化篇章之中，成为临沂生态文明建设的亮点和临沂新的城市名片。

（3）湿地教育与科研基地

展示临沂湿地生态系统的多样性，成为山东省高校的教育科研基地。

（4）湿地净化示范基地

以生物生境的方式实现城市废水的净化，将祊河湿地建设成为湿地生物净化的示范基地。

（5）提升周边土地综合利用价值

建成全新的湿地生态环境，为临近城市区域提升土地价值，为周边新农村建设提供核心环境。

7.2.5 功能区划与建设目标

根据用地现状和资源保护与利用的有关要求，将规划区分为生态保育区、湿地科教展示区、游览活动区和管理服务区 4 个区域 ［见书后彩图 2（e）］。

项目建设分两期进行：一期工程 2012 年完成；二期工程 2014 年完成。

7.2.5.1 一期工程

一期建设主要是水质净化，主要目的为净化祊河水质，范围自小戈庄河西村橡胶坝至枣沟头镇花园村橡胶坝，河道长 5.6km，工程占地约为 504hm^2。主要内容包括拦河溢流坝工程、围堰道路工程、滞留塘开挖工程、植物种植工程等。

7.2.5.2 二期工程

二期建设的目的是在有效净化河流水质的同时，打造全国一流水平的河流湿地公园，发展湿地生态旅游，并促进周边新农村的发展。重点建设湿地保护与恢复工程，完成湿地展示区、游览活动区、管理服务区工程建设，保护生物多样性，扩大湿地植物群落范围。建设厕所等必要的游览服务设施，完成重点区域绿化工程，初步构建具有湿地水体与植物特色的公园整体风貌框架，并建立环境监测体系，尤其是水环境监测体系。形成生态特色突出、可持续发展的湿地公园。

7.2.6 投资估算

7.2.6.1 工程建设分两期

根据计算，建设需投资 10381.1 万元。

一期工程投资约 2258.8 万元，占总投资 21.7%。一期投资情况详见投资概算表 7-4。

表 7-4　临沂祊河湿地公园一期工程建设投资概算

项目名称	单位	数量	单价/元	合计/万元
河滩整治工程				402.96
土方开挖	$10^4 m^3$	9.10	18.00	163.1
河槽整治挖方	$10^4 m^3$	0.89	18.00	16.02
出水口挖方	$10^4 m^3$	0.13	18.00	2.40
土方回填(筑坝)	$10^4 m^3$	11.40	18.00	205.20
筑堤基础清理	$10^4 m^3$	1.60	18.00	0.87
湿地配水混凝土管	$10^4 m$	0.11	45.00	4.77
松木桩	$10^4 m^3$	0.48	12.00	5.70
不透水土工布	$10^4 m^3$	4.50	1.10	4.90
植物种植工程				1855.90
芦苇	$10^4 m^2$	28.10	15.00	422.10
香蒲	$10^4 m^2$	26.20	15.00	392.70
睡莲	$10^4 m^2$	20.40	18.00	367.30
芡实	$10^4 m^2$	10.20	18.00	184.10
金鱼藻	$10^4 m^2$	24.50	20.00	489.70
一期工程造价				2258.80

二期工程投资 8122.3 万元，占总投资 78.3%。二期投资情况详见投资概算表 7-5。

表 7-5　临沂祊河湿地公园二期工程建设投资概算

项目名称		单位	数量	单价/元	合计/万元	备注
道路、广场、建筑、桥	道路	$10^4 m^2$	1.88	500	941	包括园内各种类型的道路
	广场	$10^4 m^2$	1.1	800	880	包括铺装、花坛、树池
	建筑	$10^4 m^2$	0.58	4000	2332	含建筑基础柱及地下室
	桥	$10^4 m^2$	0.212	2000	424	
	小计				4577	

续表

项目名称		单位	数量	单价/元	合计/万元	备注
植物绿化	乔木	万棵	1.44	500	720	含乔木、机械、运输、人工费
	灌木	$10^4 m^2$	1.9	120	223	含乔木、运输、人工费
	水生植物	$10^4 m^2$	12.38	40	495	
	荷塘	$10^4 m^2$	3.85	30	115	
	小计				1553	
土方工程	土方开挖	$10^4 m^2$	11.0	18	198	包括机械、运输、人工费
	土方回填	$10^4 m^2$	11.0	18	198	包括机械、运输、人工费
	小计				396	
水体工程	生态驳岸	$10^4 m$	0.74	150	111	
	湿地系统	$10^4 m^2$	1.19	100	119	包括湿地恢复、维护及人工费
	小计				230	
公共设施	照明设施	$10^4 m^2$	16.7	15	250.5	包括管线、设备及人工费
	排水系统	$10^4 m^2$	3.7	10	37	包括管线、设备及人工费
	弱电系统	$10^4 m^2$	7.4	5	37	包括管线、设备及人工费
	码头	个	7.0	5	35	
	景观构筑	m	274.0	0.5	137	单价为:万元/m
	信息亭(含电话亭)	个	20	1.5	30	单价为:万元/个
	自动售卖机	个	10.0	2	20	单价为:万元/个
	垃圾收集点	个	10.0	1.0	10	单价为:万元/个
	有机垃圾生化处理场	个	1.0	5.0	5	单价为:万元/个
	垃圾箱	个	120.0	0.06	7.2	单价为:万元/个
	饮水器	个	10.0	0.06	0.6	单价为:万元/个
	公厕	座	6.0	3	18	单价为:万元/座
	座登	个	1000	0.7	700	包括混凝土基础、石材贴面及人工费
小计					1287.3	
不可预计费用					79	
二期工程造价合计					8122.3	

7.2.6.2　资金来源

（1）政府扶持

湿地生态旅游是一项新兴的绿色产业，湿地公园建设也是一项公益事业，具有明显的生态效益和社会效益。公园建设初期需要资金量较大，需政府扶持投入启动资金。

（2）建立多元化的投资开发体制

可推行股份制和股份合作制，吸引有实力的单位、个人参与投资开发，也可接受赞助、捐赠等，以加快园区建设进程，早日形成旅游规模。

（3）自我积累，滚动发展

边建设，边开放，旅游收入的资金，返还投入到园区的进一步开发建设中，达到自我积累，滚动发展的目的。

7.3　临沂苍源河湿地公园规划

7.3.1　自然地理条件

临沂苍源河省级湿地公园总体规划见书后彩图 3(a)～(h)。

7.3.1.1　地理位置

临沭县位于山东省东南部的鲁苏交界处，隶属于山东省临沂市，因濒临沭河而得名。临沭县北依莒南县，西隔沭河与临沂市河东区和市经济技术开发区相望，西南与郯城县接壤，东南与江苏省赣榆、东海两县毗邻。地理坐标为北纬 34°40′～35°06′，东经 118°26′～118°51′。

项目区位于临沂市临沭县，北起于青云镇凌界前村南部桥（凌山头水库入水口），南至蛟龙镇崇山子西苍源河桥，包括苍源河主河道、漫滩、三角洲、鱼塘、周边部分堤坝。

7.3.1.2　气候

（1）气候类型

临沭属暖温带季风区域半湿润大陆性气候，光照充足，四季分明。冬季寒冷，雨雪稀少；春季温暖，干旱多风；夏季炎热，雨量充沛；秋季凉爽，昼夜温差大。年均气温13℃，年均降雨量851mm，全年无霜期209d。为省内最佳气候区。

（2）气温

历年平均气温为13.0℃，年较差为27.4℃，日较差为10.4℃，由于南北纬差小，年平均气温较为均匀。历年最高气温为39.4℃，出现在1966年7月19日，历年最低气温为−20.7℃，出现在1978年2月16日。

初霜日平均为10月29日，最早为10月15日，最晚为11月17日；终霜日平均为4月3日，最早为2月27日，最晚为4月21日。霜期年平均156d，最长179d，最短120d。

（3）光照条件

4~8月云量多，平均总云量在6以上；10月~翌年1月少，平均总云量在5以下，低云量7月最多，平均云量达4.4；1月最少，只有1。

以日平均云量小于2为晴天，大于8为阴天，余为多云天气统计，临沭县年平均阴晴日数，按总云量计算为晴82d、阴115d。

太阳辐射总量平均为120.9kcal/cm^2。日照时数年平均为2558.3h，最多为2741.4h，最少为2368.3h。年平均日照百分率为58%，最多为62%，最少为53%。

（4）湿度状况

年平均相对湿度70%，较全省偏大。相对湿度在一年中的分布随季节而变化，春季最小，夏季最大。历年最小相对湿度：10月至翌年6月极值不超过10%，11月、翌年1~3月极值不超过4%，1966年11月30日出现过1%的最小相对湿度。

年蒸发量平均为1605.4mm，最大1948mm，最小1414.5mm。月蒸发量，从1月47.5mm逐月递增，随着温度的增高、风速的增大，至6月平均最大值为242.4mm。1965年6月最大蒸发量曾达334.5mm。最后又逐月递增，至12月平均为50.7mm。

（5）降水状况

临沭县距海30km，受海陆风影响较大，是全省的多雨区之一。但降水量随季节的变化而有所不同。

年平均降水量为851.8mm，最大是1974年，为1321.8mm；最小是1966年，为523.6mm。水量分布特点是东部、南部偏多，西部、北部偏少。地处东南方向的大兴和南部的石门年平均降水量分别为941.5mm和907.2mm；中部曹庄、临沭街道、蛟龙、玉山等地方为850mm；西部的郑山、白旄、青云等地为 800mm。

累年大于 0.1mm 的降水日数年平均为 90.2d，其中降水量大于 0.5mm、10mm、25mm 和 50mm 的降水日数年平均为 35.9d、22.6d、9.7d 和 3.2d。

降水强度累年平均为 9.4mm/d。最大平均降水强度是 8 月，达 15.9mm/d；最小为 12 月，仅 2.6mm/d。

历年平均降雪为 23.9mm，占全年降水量的 2.6%。全年最大降雪是 1969 年，为 57.77mm；最小降雪是 1968 年，为 2.6mm。

7.3.2 湿地类型、面积与分布

根据规划区湿地的形成历史和现状生态特征，参照《全国湿地资源调查技术规程（试行）》的湿地分类标准，公园范围内的湿地可分为河流湿地、沼泽湿地和人工湿地三类六型，见书后彩图 3(a)、(b)。

7.3.2.1 湿地类型

（1）河流湿地

包括永久性河流、季节性河流和洪泛平原湿地三个类型。

① 永久性河流是规划区内的苍源河的大部分河段。

② 季节性河流是规划区内的部分苍源河的分支河段。

③ 洪泛平原湿地是规划区内的苍源河的一小段区域。

（2）沼泽湿地

分布于中沟头橡胶坝和尤庄橡胶坝下面。

（3）人工湿地

包括水产养殖场和库塘湿地两个型。

① 水产养殖场分布在尤庄、小韩庄、中沟头、南沟头、后杨楼等村庄附近的苍源河古河道及部分岸段。

② 库塘湿地指苍源河干流上的凌山头水库。

7.2.2.2 湿地面积

通过实地调查和统计，苍源河湿地公园湿地总面积为 654.07hm²，湿地率为 78.52%。其中，河流湿地面积 228.70hm²，占湿地总面积 44.53%；人工湿地 271.25hm²，占湿地总面积 52.82%；沼泽湿地 13.63hm²，占湿地总面积 2.65%，如表 7-6 所列。

表 7-6　临沂苍源河湿地公园湿地类型及面积

湿地类	面积/hm²	占总面积/%	湿地型	面积/hm²	占总面积/%
河流湿地	228.70	44.53	永久性河流	203.58	39.64
			季节性河流	8.83	1.72
			洪泛平原	16.29	3.17
人工湿地	271.25	52.82	库塘湿地	263.57	51.31
			水产养殖场	7.75	1.51
沼泽湿地	13.63	2.65	草本沼泽	13.63	2.65
合计	513.58	100.00	合计	513.58	100.00

7.3.3　湿地生物多样性

7.3.3.1　植物资源

苍源河湿地公园地处山东省东南部、淮河流域的东北部，属于暖温带半湿润大陆性季风气候区，四季分明、雨热同期、光照充足、降水充沛、温度适宜，加之无霜期较长，造就了区内植被种类较为丰富，长势良好。但是，由于规划区周边人口稠密、开发历史久远，陆生自然植被消失殆尽，现有植被以人工栽培为主。

苍源河湿地公园内有维管束植物 3 门 73 科 183 属 334 种，包括蕨类植物 5 科 6 属 8 种；裸子植物 2 科 3 属 3 种；被子植物 66 科 174 属 323 种。其中既有国家二级保护植物野大豆（*Glycine soja*）和中华结缕草（*Zoysia sinica*），也有山东省重点保护植物草问荆（*Equisetum pratense*）、野鸢尾（*Iris dichotoma*）、胡桃楸（*Juglans mandshurica*）、山东银莲花（*Anemone chosenicola*）、无毛溲疏（*Deutzia glabrata*）、漆（*Toxicodendron vernicifluum*）、中华秋海棠（*Begonia grandis*）、连翘（*Fructus Forsythiae*）和紫草（*Lithospermum erythrorhizon*）。植物群落主要有芦苇群落（*Ass. Phragmites australis*）、香蒲群落（*Ass. Typha angustifolia*）、杞柳群落（*Ass. Salix purpurea*）等，形成了典型的湿地植被景观。

7.3.3.2　动物多样性

临沂苍源河湿地公园的动物区系属于古北界东北亚界华北区黄淮平原亚区。该区人类活动与农业开发的历史久远，天然林十分有限，几乎全部为次生林和人工林，其他生境类型则以次生林地、灌木丛、农田和园地为主。因此，本区动物种类比较贫乏，优势种为适应于农耕环境包括稀疏林地的种类。

（1）兽类

据调查，规划区内哺乳纲野生动物有 5 目 7 科 13 种，主要有刺猬（*Rrinaceuse europaeus*）、黄鼬（*Mustela sibirica*）、狗獾（*Meles meles*）、草兔（*Lepus capensis*）、普通伏翼（*Pipistrellus abramus*）、蝙蝠（*Vespertilio mumnus*）、褐家鼠（*Rattus norvegicus*）、小家鼠（*Mus musculus*）、东方蝙蝠（*Vespertilio superans*）、大仓鼠（*Cricetulus triton*）、家蝠（*Pipistrellus abramus*）等。如图 7-2、图 7-3 所示。

图 7-2　黄鼬

图 7-3　狗獾

（2）鸟类

苍源河湿地公园内流动水体、静止水体、沙丘、沼泽、鱼塘等各类湿地生境较多，同时森林、灌木、草地和农地等陆地生境较为丰富，为各种水鸟和其他鸟类的迁徙、栖息和觅食提供了有利条件。据统计，公园规划范围内有鸟类 15 目 38 科 120 种；其中，国家 Ⅱ 级保护动物有白鹳（*Ciconia ciconia*）、白琵鹭（*Platalea leucorodia*）、白额雁（*Anser albifrons*）、苍鹰（*Accipiter gentilis schvedow*）、雀鹰（*Accipiter nisus*）等 10 种。

由于规划区域内年际和年内降水量不一，不同的年份和季节，水鸟栖息的生境类型有较大变化，水鸟的种类、数量也有较大差异。但由于湿地面积较大，食物资源丰富，隐蔽场所较好，所以在苍源河湿地公园常见到的鸟类数量仍然较大。如国家级保护鸟类白鹳（*Ciconia ciconia*）、鸿雁（*Anser cygnoides*）等迁徙多经过苍源河湿地水域，鹭类、翠鸟类在苍源河湿地均可看到，鸭类、苇莺类主要生活在下游近河区，苍鹰、雀鹰、鹊鹞等猛禽则常见于空中或高处，如电线杆等。

（3）爬行类

爬行类共有 3 目 4 科 11 种，其中主要有壁虎（*Gekko swinhonis*）、中华鳖（*Pelodiscus sinensis*）、丽斑麻蜥（*Eremias argus*）、山地麻蜥（*Eremias brenchleyi*）、火赤链蛇（*Dinodon rufozonatum*）、白条锦蛇（*Elaphe dione*）、蝮蛇（*Agkistrodon halys*）和水蛇（*Natrix annularis*），如图 7-4 所示。

图 7-4　黑眉蝮蛇

（4）两栖类

两栖类有 1 目 3 科 8 种，主要包括蟾蜍科的大蟾蜍（*Bufo bufo*）、黑眶蟾蜍（*Bufo melanostictus*），蛙科的黑斑蛙（*Rana nigromaculata*）、金钱蛙（*Rana plancyi*）、虎纹蛙（*Rana tigrina*）、泽蛙（*Rana limnocharis*）、沼蛙（*Rana guentheri*）、姬蛙科的粗皮姬娃（*Microhyla butler*）、龟科的乌龟（*chinemys reevesii*）（见图 7-5）等。

图 7-5 乌龟

（5）鱼类和底栖类

苍源河淡水鱼类有 8 目 17 科 58 种，其中主要为鲤科鱼类，共 35 种，占种数的 60％以上。人工养殖的主要经济鱼类有鲫鱼（*Carassius auratus*）、青鱼（*Mylopharyngodon piceus*）、草鱼（*Ctenopharyngodon idellus*）、银飘（*Parapelecus argenteus*）、白鲢（*Hypophthalmichthys molitrix*）、花鲢（*Aristichthys nobilis*）、麦穗鱼（*Pseudorasbora parva*）、棒花鱼（*Abbottina rivularis*）、泥鳅（*Misgurnus anguillicaudatus*）、花鳅（*Cobitis taia*）、黄沙鳅（*Botia xanthi*）等。非人工养殖的鱼类有泥鳅（*Misgurnus anguillicaudatus*）、麦穗鱼（*Pseudorasbora parva*）、黄鳝（*Syabranehi formes*）等。

7.3.4 湿地景观与文化资源

苍源河湿地公园，用地现状为苍源河两岸河域，河流上游有凌山头水库。城区部分，河流北侧为顺河街，道宽 15m。南侧及非城区部分为堤坝，堤坝为素土夯实。场地主要分为河域、耕地、林地、鱼塘、果园。公园内有着旖旎的自然风光、浓郁的田园风情，按照风景资源类型特征类，其风景资源可分为自然景观资源、人文景观资源两大类。

7.3.4.1 自然景观资源

水是临沂苍源河湿地公园最主要的生态旅游资源。公园成倾斜的"＜"形，北起于青云镇凌界前村南部桥（凌山头水库入水口），南至蛟龙镇崇山子西苍源河桥，公园全长 22.18km。河床最宽处 340m，平均宽 120m 左右，规划总面积 654.07hm²。园内的主要水域景观有河流、水库、湖泊、滩涂、溪流、小岛等。苍源河湿地植物主要以芦苇为主，其次是杨树（图 7-6），特别是在中沟头橡胶坝下的沼泽地中，大片的苇荡与香蒲形成混合优势种群，其形成的景观十分独特，季相变化明显。后杨楼村东部苍源河滩上是大片的杨树林。经过几十年的生长，杨树林郁郁葱葱、遮天蔽日。另外，在公园西部分布着连片的荷花塘，景色宜人。

（a）　　　　　　　　　　　（b）

图 7-6　苍源河公园内的杨树和芦苇

7.3.4.2　人文景观资源

苍源河湿地公园周边古遗址有北沟头遗址、郭家山遗址、东盘遗址、寨子遗址、荞麦涧遗址、糜家村遗址等；古建筑有店头清真寺、张贺清真寺；革命纪念地有八路军一一五师师部旧址、刘少奇住房旧址；旅游景点有苍马山景区、沭河生态旅游区、夹谷山景区、观音禅寺、羽山殛鲧泉、冠山景区、新华社山东分社诞生地纪念园、钟华山景区、玉圣园景区；历史典故及历史事件有鲧禹治水、夹谷之盟、孙庞斗智、齐鲁会盟、样山之战、苍马山抗金，见书后彩图 3(e),(f)。

7.3.5　湿地公园范围

临沂苍源河湿地公园边界范围的划定以保护湿地生态系统、合理利用、方便管理为原则。规划区北起青云镇凌界前村南部桥（凌山头水库入水口），南至蛟龙镇崇山子西苍源河桥，包括苍源河主河道、漫滩、三角洲、鱼塘、周边部分堤坝。河道南北长 22.18km。

地理坐标介于东经 $118°37'12''\sim118°42'22''$，北纬 $34°52'22''\sim34°59'44''$ 之间。河床最宽处 340m，最窄处 38m，平均宽 120m 左右，规划总面积

$654.07km^2$，其中湿地面积 513.58ha，湿地率 78.52％，见书后彩图 3 （c）。

7.3.6 规划总目标与分期目标

7.3.6.1 规划总目标

通过苍源河湿地公园的规划和建设，保护和恢复苍源河湿地生态系统，保证湿地资源的可持续利用，有效发挥苍源河在调蓄洪水、涵养水源、保护生物多样性、提供湿地产品等方面的多种生态效益、经济效益和社会效益，最终实现规划区内湿地生态系统健康完整、景观资源丰富、科普宣教设施完善和休闲娱乐条件优越，使其造福当代、惠及子孙。

规划建设期限为 2015～2020 年，共计 6 年，分两期实施。

一期（发展阶段）：2015～2017 年，共计 3 年。

二期（完善阶段）：2018～2020 年，共计 3 年。

7.3.6.2 一期（2015～2017 年）

一期规划的目标是：全面启动湿地公园的建设工作，成立苍源河湿地公园管理处；开展科普宣教工作，实施项目区的保护与恢复工作，加强保护管理能力的建设，开展监测项目，初步构建湿地公园保护恢复与监测体系；开展部分合理利用项目。

（1）管理

① 建立湿地公园的管理机构，制定各种规章制度。

② 制订全方位保护湿地公园资源策略，特别是水体、植物等自然资源和历史遗迹、民风民俗等人文资源的详细法规及实施这些法规的措施。

③ 建设好湿地保护队伍，做好湿地保护的宣传工作，除专业保护人员外，发动全社会提高保护意识。

（2）规划

以《临沂苍源河省级湿地公园总体规划》为指导，制定湿地保护和恢复措施，完成苍源河湿地公园湿地保护恢复工程可行性研究、各功能区的详细规划及部分景点的设计，便于今后的实施。

（3）建设

① 圈定湿地公园范围，立桩明示，设立永久性标志。

② 建设湿地公园管理所，保护管理站、监测点。

③ 开展公园内湿地保护恢复工程，在湿地保护现状基础上，扩大自然湿地面积，改善苍源河水质，控制污染源，禁止非生态建设活动，同时开展湿地生态系统修复、重建和生物防治富营养化等方面的研究。

④ 改善湿地公园的基础建设，铺设尚未完善的上、下水管道，并纳入城市管理网络，增加湿地的环卫设施，提高其质量和效率。

7.3.6.3 二期（2018～2010年）

进一步建设湿地公园的保护管理体系和科研监测体系，全面建设科普宣教体系和旅游服务设施，深入开展保护、科研、宣教和社区共管活动，建成具有较高管理水平的湿地公园管理网络，全面完成本规划的各项工作，巩固湿地公园已有的保护、建设成果，并加强对湿地生态系统的保护力度，完善湿地公园的湿地生态系统、宣教体系、湿地景观、基础设施和管理，实现湿地保护与合理利用的完美结合，建成具有苍源河湿地特色的精品湿地公园。

（1）管理

苍源河湿地公园管理机构职能完善，管理体制高效。

（2）规划

完成湿地公园所有节点设计工作，制定长期的保护措施。

（3）建设与维护

① 全面完成湿地公园的湿地保护恢复工作，使湿地公园拥有健康、可持续的湿地生态系统，优美的自然环境。

② 全面完成所规划的湿地基础设施建设，使湿地公园拥有自有水源或通自来水、充足的电力供应和良好的游客接待能力。

③ 完成科普宣教中心和科普宣教设施，形成完备的解说系统，设计科学合理，宣教方式丰富，能形成较强的互动性，进一步提高景观在湿地知识科学普及和环境保护宣传教育方面的价值。

④ 全面完成休闲游憩和基础设施建设，公园具有良好的游客接待能力，成为湿地生态旅游的精品。

⑤ 挖掘、充实人文内涵，为旅客提供多层次的旅游服务内容，增加解说系统和不同方式的宣教方式，能形成一定的互动性，进一步普及湿地保护科学知识并提高环境保护意识。

7.3.7　功能区划

根据用地现状和资源保护与利用的有关要求，按照自然、人文单元完整性的原则，将规划区分为生态保育区、恢复重建区、宣教展示区、合理利用区、管理服务区五个区域（见表 7-7）。实行分区管理，分别设立管理目标，制定技术措施，见书后彩图 3(d)、(g)、(h)。

表 7-7　临沂苍源河湿地公园分区面积和比例

分区名称		面积/hm²	比例/%
功能分区	生态保育区	430.24	65.78
	恢复重建区	54.39	8.32
	宣教展示区	51.63	7.89
	合理利用区	105.31	16.10
	管理服务区	12.50	1.91
总计		654.07	100.00

7.3.7.1　生态保育区

（1）面积和范围

生态保育区位于湿地公园北部和南部两部分：北部主要是凌山头水库及四周的滩涂；南部从苍山桥到崇山子西苍源河桥。两部分面积共 430.24hm²，占湿地公园总面积的 65.78%。

（2）生态现状

由于凌山头水库大坝的建成，在大坝上游形成了 260 多公顷的水面，同时也形成大量水泡、沼泽、滩涂等湿地生境，成为各种水鸟的重要栖息地。凌山头水库还是临沭县大兴镇、石门镇、蛟龙镇、曹庄镇等乡镇的饮用水源地。因此，有必要对此区的生态进行严格的保护，以保障人畜和鸟类的饮水安全。苍山桥到崇山子西苍源河桥段两侧存在大片的杨树林，林下草木繁盛，林外是农田，离附近的村庄较远。此区目前的生态状态良好，人类的活动较少，自然景观优美，植被种类丰富，鸟类数量繁多，生物多样性比较丰富，为大量的水鸟提供了栖息、繁殖和越冬的理想场所。

7.3.7.2　恢复重建区

（1）面积和范围

恢复重建区位于湿地公园北部，从凌山头水库大坝至西朱车南苍源河桥，面积 54.39hm², 占湿地总面积的 8.32%。

（2）生态现状

由于此部分河道两岸及河床均为裸露的红色砂岩，狭窄的河床限制了水面的宽度和滩涂的面积。而凌山头水库大坝建成后下泄水量减少，使得部分河段几乎干涸。另外，此河段两岸存在着王山头、西朱车、东朱车 3 个村庄，受村民生产生活的影响较为严重，湿地生态较为脆弱，两岸植被多为农作物且种类比较单一，树木极少。

7.3.7.3 宣教展示区

（1）面积和范围

宣教展示区位于中沟头橡胶坝东侧南部，总面积 51.63hm², 占总面积的 7.89%。此地原来是苍源河道、滩涂及堤坝，后因中沟头橡胶坝的建成而形成沼泽地和堤坝。

（2）生态现状

中沟头橡胶坝东侧南部与管理服务区相邻，原是河道和堤坝，由于橡胶坝的建成，形成了大面积的沼泽。现在沼泽中生长大量的芦苇和香蒲，岸上是苍源河沿河公园的一部分。该区域是进行科普教育的主要场所，兼有户外休闲功能。

7.3.7.4 合理利用区

（1）面积和范围

合理利用区位于湿地公园中部，面积 105.31hm², 占湿地公园总面积的 16.10%。

（2）生态现状

此区主要是苍源河两岸的堤坝及部分滩涂，经过 2003～2004 年的环境治理和建设，现为苍源河沿河公园，公园内有河流水面、小岛、林地、广场、沼泽、滩涂。

7.3.7.5 管理服务区

（1）面积和范围

管理服务区位于沭河西街和 327 国道之间的苍源河东岸，面积约 12.50hm², 占公园总面积的 1.91%。

（2）生态现状

此地主要是苍源河滩涂和河岸，现在是临沭县苍源河沿河公园的一部分。管理服务区主要建设内容有公园管理处、服务中心等配套基础设施。主要功能是为游客提供休息、餐饮、购物、娱乐、商务会议、医疗、停车转换等活动场所，成为湿地公园的标志形象。

7.3.8 投资估算

7.3.8.1 估算原则

① 坚持"全面规划，分期实施，重点投放，经济合理"的原则。
② 分期投入的原则。

7.3.8.2 估算说明

根据项目建设期限，投资年限为 6 年，即 2015～2020 年。建设投资构成如表 7-8 所列：

表 7-8 苍源河湿地公园建设投资构成

公园建设投资	工程费用	各保护工程费用	
		科普宣教工程费用	
		合理利用工程费用	
		基础设施建设费用	
	其他费用	咨询费	按国家计委《建设项目前期工作咨询收费暂行规定》（计价格［1999］1283 号）执行
		勘察设计费	按国家计委、建设部《工程勘察设计收费管理规定》（计价格［2002］10 号）执行，调整系数 0.8
		招投标费	按国家计委《招标代理服务收费管理暂行办法》（计价格［2002］1980 号）执行
		建设单位管理费	按《基本建设财务管理规定》（财建［2002］394 号）执行
		工程监理费	按国家发改委、建设部《建设工程监理与相关服务收费管理规定》（发改价格［2007］670 号）执行，调整系数 0.9
	预备费用		工程费用和其他费用的 5%

7.3.8.3 投资估算

经估算，苍源河湿地公园建设项目总投资为 16949.24 万元，其中工程费用为 14921.94 万元，占总投资的 88.04％；其他费用 1225.7 万元，占总投资的 7.23％；预备费 801.6 万元，占总投资的 4.73％。工程费用中，湿地保护工程投资 994.8 万元，占工程费用的 6.67％；科普宣教投入 3736.9 万元，占工程费用的 25.04％；科研监测工程投资 279.6 万元，占工程费用的 1.87％；基础设施建设投资 4067.06 万元，占工程费用的 27.26％；合理利用设施建设投资 3718.6 万元，占工程费用的 24.92％。

项目费用按用途分：建安费 8052.14 万元，占总投资的 47.51％；设备费 3937.8 万元，占总投资额的 23.23％；其他 4959.3 万元，占总投资额的 29.26％。

7.3.8.4 项目实施及资金安排

按照工程建设内容的期限投入：一期（2015～2017 年）投入 8596.33 万元，占总投资的 50.7％；二期（2018～2020 年）投入为 8352.91 万元，占总投资的 49.3％。如表 7-9 所列。

表 7-9　临沂苍源河省级湿地公园投资估算　　　单位：万元

建设内容	投资额	投资构成			投资期限	
		建安费	设备费	其他	一期	二期
项目总投资	16949.24	8052.14	3937.80	4959.30	8596.33	8352.91
1. 工程费用	14921.94	8052.14	3937.80	2932.00	7225.86	7696.08
1.1 保护工程	994.80	8420.50	174.30	—	994.80	—
1.2 恢复工程	2125.0	—	—	2125.0	2125.0	—
1.3 科研监测	279.6	—	272.6	7.0	—	279.6
1.4 科普宣教	3736.9	300.0	2636.9	800.0	400.0	3336.9
1.5 基础设施	4067.06	3617.06	450.00	—	3667.06	400.00
1.6 合理利用	3718.6	3314.6	404	—	39.0	3679.6
2. 其他费用	1225.7	—	—	1225.7	955.6	270.1
3. 预备费	801.6	—	—	801.6	414.9	386.7

注：1. 总投资额与分期投资总额差异是数字四舍五入造成的。

2. "—"表示无数据。

7.4　临沂白马河湿地公园规划

7.4.1　自然地理条件

临沂白马河省级湿地公园总体规划见书后彩图 4(a)～(h)。

7.4.1.1　地理位置

郯城县位于山东省最南端，为临沂市辖 9 县之一，也是山东省 20 个财政省直管县之一。地理坐标为东经 118°05′～118°31′，北纬 34°22′～34°56′。南与江苏省新沂市交界，西与江苏省邳州市相接，东与江苏省东海县为邻，北与临沂、临沭、兰陵三县（市）接壤。东临日照、岚山、连云港三大港口，附近的临沂机场与全国各主要城市通航，京沪高速公路、胶新铁路纵贯南北，205 国道、310 国道、232 省道、352 省道纵横交错，交通十分便利。

临沂白马河省级湿地公园规划区位于山东省临沂市郯城县，北起马陵山南麓源头、南至鲁苏省界线，包括白马河主河道、漫滩、周边部分堤坝、树木等及其支流幸福河、围带河等。

地理坐标介于东经 118°07′15.7″～118°24′30.2″，北纬 34°22′17.4″～34°48′46.6″之间。南北跨度 36.4km，白马河段河床最宽处 140m，最窄处 58m。规划总面积 364.0hm²；其中湿地面积 252.07hm²，湿地率 69.25%。

7.4.1.2　气候

（1）气候类型

郯城县属暖温带季风区半湿润大陆性气候，年平均气温 13.2℃。气候特征是：冬季寒冷少雨，为半干旱气候，夏季炎热多雨，为湿润性气候，春秋季为温暖宜人的半湿润气候；四季分明，光照充足，无霜期长。

（2）气温

历年平均气温在 13.1～13.7℃之间，南部高于北部，气温的变化明显。极端最高气温 39.3℃，极端最低气温 −23.4℃。7 月最热，月平均气温 26.6℃，1 月最冷，月平均气温 −1.1℃，年较差 27.7℃。农耕期 300d，累积温度 4975.5℃；作物生长季 212d，累积温度 4415.7℃；作物活跃生长季 117d，累积温度 2894.5℃。平均无霜期 212d，南部长于北部。

（3）光照条件

光照年际变化较大，年日照时数最多 2667.2h，最低 1968.3h，平均 2354.5h，日照率为 53%。一年中，5 月最多 237.1h，2 月最少 161.7h。光照可满足农作物生长季节需求。

（4）降水状况

郯城县年均降水量 862.7mm。降水量的特点是南部多于北部，中部最少。降水的稳定性较差，季节变化极为显著，有明显的旱季和雨季。雨季一般开始于 6 月底，结束于 9 月初，历时约 2.5 个月。雨季易发生涝灾，旱季易发生旱灾。年平均降雪日数为 8.9d，初终期平均日数为 89.5d。最早初霜雪日为 11 月 8 日，最晚初雪日为 1 月 20 日，最早终雪日为 1 月 9 日，最晚终雪日 4 月 8 日。

7.4.1.3　土壤与植被

（1）土壤

郯城县地处临郯苍平原腹地，土质肥沃，主要有棕壤、褐土、潮土、砂姜黑土、幼年水稻土 5 类。棕壤分布在马陵山沿线、李庄镇、沙墩镇东部的低山丘陵，分为 3 个亚类、3 个土属、10 个土种。褐土零星分布于西北部孤山残丘及其周围，分为 3 个亚类、3 个土属、9 个土种。潮土分布于河流两侧近河岸处，质地依次为砂壤、轻壤和重壤，有 2 个亚类、3 个土属、17 个土种。砂姜黑土大部分处于河间、岭间的槽形洼地及封闭洼地，分 3 个土属、3 个土种。幼年水稻土主要分布在县境中部、南部涝洼平原，西部、西北部亦有零星分布。

（2）植被

县内自然植被经长期耕作活动，早已被人工植被所代替。现有的次生植被受土壤、气候等自然条件影响，虽与人工植被相混杂，但在分布上仍能显示其生态群落特征。

县内植被分布状况有以下几种类型。

1）棕壤及棕壤低山丘陵区植被　生长的乔木有黑松、马尾松、刺槐、加杨、小叶杨、枫杨、苹果、麻栎等；乔木之下有酸枣、紫穗槐、荆条、胡枝子等灌木；林下杂草有白羊草、季陵菜、地榆、地柏、野艾、野蒿等。

2）褐土及褐土低山丘陵区植被　乔木有刺槐、榆、杨、柳、楸等，灌木有酸枣、胡枝子、荆条、紫穗槐等。底层杂草以地黄、猪耳胡、地丁、猫尾草为主。

3）砂姜黑土涝洼地植被　乔木有杨、榆、柳等，灌木有紫穗槐等。杂草有毛草、马唐、狗牙草、荻草、水红棵子、霜芽子等。

4）沿河平地植被　乔木有杨、柳、榆、桐、槐、椿、刺槐、泡桐、银杏、栗、桃、杏等，灌木有紫穗槐、白柳条、荆条等，杂草有荠菜、蒿子、刺儿菜、毛艮、灰菜、银菜、苍耳等。

5）农田植被 主要有小麦、玉米、水稻、地瓜、花生、大豆等。县内独具特色的经济树种有银杏、板栗，栽培历史长，面积大；其中银杏片林集中在西部沂河沿岸，板栗片林集中在东部沭河沿岸。

7.4.1.4 水文

境内水资源丰富。降水为地表水的主要来源，年降水量比较充沛集中。汛期易发生洪涝，而春秋又常出现干旱天气。河川径流量季节变化大，过境水的利用量较小。地下水资源比较丰富，富集程度很不均匀。

（1）地表水

县内河流属淮河流域沂河、沭河、中运河水系。过境河流有沂河、沭河等，县内流域面积 281.81km^2。苏鲁边界河道有白马河、浪清河、郯新河、老墨河、柳沟河、黄墩河等共 45 条，总长 620.7km，流向以南北为主，其中白马河县内流域面积 441.29km^2。多年平均降水量为 $11.41\times10^8 m^3$，多年平均径流深为 237mm，平均径流量为 $3.1\times10^8 m^3$，但年内分配不均，汛期 $2.81\times10^8 m^3$，占 90.8%，其他各月 $0.29\times10^8 m^3$，占 9.2%。

（2）地下水

全县地下水静储量 $32.60\times10^8 m^3$，调节储量 $13.37\times10^8 m^3$，动储量 $2.39\times10^6 m^3$，总补给量多年平均为 $2.49\times10^8 m^3$，多年平均可开采量 $1.36\times10^8 m^3$，总储量 $33.96\times10^8 m^3$。大部地区均为第四系地质覆盖，自北向南含水层由薄到厚，颗粒由粗变细，透水性良好，含水丰富。地下水位埋深除县城以南沭河西侧大于 4m 外，其余皆在 1～4m，较易开采。

（3）水资源总量

全县河川年平均径流深 237mm，地表径流总量 $3.1\times10^8 m^3$，地下水多年平均总补给量 $2.5\times10^8 m^3$，除去地表蒸发和重复部分，水资源总量 $5.48\times10^8 m^3$，总计可利用量为 $3.06\times10^8 m^3$。

7.4.2 湿地类型、面积与分布

7.4.2.1 湿地类型和分布

根据规划区湿地的形成历史和现状，参照《全国湿地资源调查技术规程（试行）》的湿地分类标准，公园范围内的湿地可分为两类四型。

（1）河流湿地

包括永久性河流和洪泛平原湿地两个型。

① 永久性河流是规划区内的大部分河段。

② 洪泛平原湿地是规划区内的白马河两岸区域。

（2）人工湿地

① 输水河是指陈十排水沟和停三排水沟。

② 水产养殖场是指郁顶村、北墩村、小颜庄和前小埠村等地存在部分养鱼、养鸭场。

7.4.2.2　湿地面积

通过遥感解译和实地调查，白马河湿地公园湿地总面积为 364.0hm²，湿地率为 69.25%。其中，河流湿地面积 291.4hm²（包括永久性河流 212.8hm²，占湿地总面积 58.46%；洪泛平原 78.6hm²，占湿地总面积 21.59%），占湿地总面积 80.05%；人工湿地（水产养殖场、输水河）72.6hm²，占湿地总面积 19.95%。如表 7-10 所列。

表 7-10　临沂白马河湿地公园湿地类型及面积

湿地类	面积/hm²	占总面积/%	湿地型	面积/hm²	占总面积/%
河流湿地	291.40	80.05	永久性河流	212.8	58.46
			洪泛平原	78.6	21.59
人工湿地	72.60	19.95	水产养殖场	12.44	3.42
			运河、输水河	60.16	16.53
合计	364.00	100	合计	364.00	100.00

7.4.3　湿地生物多样性

7.4.3.1　植物多样性

白马河湿地公园地处我国南北过渡区淮河流域的东北部，具有南北植物交汇的特色，但暖温带特点更为明显，仅有少量亚热带植物分布。根据《中国植被》提出的中国植被区划系统，规划区属于Ⅲ暖温带落叶阔叶林区域、Ⅲi暖温带落叶阔叶林地带、Ⅲib暖温带南部落叶栎林亚林带、Ⅲib-3黄河、海河平原栽培植被区。规划区周边人口稠密、开发历史久远，故陆生自然植被消失殆尽，以人工栽培植被为主。水域环境由于人类活动干扰较大，且部分河道为人工挖掘，物种多样性相对丰富，结构不够合理。

白马河湿地公园内有维管束植物 3 门 67 科 195 属 308 种，包括蕨类植物 1 科 1 属 2 种；裸子植物 1 科 1 属 1 种；被子植物 65 科 193 属 305 种。其中野大豆和中华结缕草是国家二级保护植物；胡桃楸、山东银莲花、无毛溲疏、竹叶椒、漆、糠椴、中华秋海棠、鹿蹄草、连翘、紫草、桔梗等 14 种是山东省重点保护植物；银杏是临沂市的市树，如图 7-7 所示；山东银莲花和宽蕊地榆是山东省特有植物种。

图 7-7　临沂市市树——银杏

（图片来源：http://qq.mafengwo.cn/）

湿地植物大都为广布种，主要有芦苇属、浮萍属、藨草属、荸荠属、莎草属、香蒲属、蓼属、金鱼藻属、菱属和狐尾藻属等。河流沿岸林带主要为黑杨、旱柳、垂柳、枫杨、构树、板栗、榆等。在湿地边缘不积水区域，还分布着部分加杨、杂交杨、刺槐、紫穗槐、侧柏、酸枣等。

植物群落主要有芦苇群落、杨树群落等，形成了典型的湿地植被景观。

7.4.3.2　动物多样性

郯城县人类活动与农业开发历史久远，天然林已不存在，全部为次生林和人工林，其他生境类型则以次生林地、灌木丛、农田和园地为主，这影响了大型野生动物的存在。但是白马河湿地公园存在大面积的水面和林地，因此公园内的小型动物、鱼类和禽类还是较为丰富的，优势种为适应于农耕环境和稀疏林地的种类。

（1）兽类

规划区内哺乳纲野生动物有 5 目 7 科 11 属 14 种，主要有草兔（*Lepus capensis*）、褐家鼠（*Rattus norvegicus*）、小家鼠（*Mus musculus*）、东方蝠

蝠（*Vespertilio superans*）、大仓鼠（*Cricetulus triton*）、刺猬（*Rrinaceuse europaeus*）、家蝠（*Pipistrellus abramus*）等。其中黄鼬（*Mustela sibirica*）和狗獾（*Meles meles*）为山东省重点保护野生动物。

（2）鸟类

白马河湿地因其发达的水系、多样的植物群落、充足的食物资源及优美的自然环境，为各种候鸟的迁徙、栖息、取食等提供了有利条件。规划区内有鸟类 15 目 42 科 97 属 171 种，占临沂市鸟类总数的 60.77%。其中国家Ⅱ级保护动物有白枕鹤（*Grus vipio*）、鸿雁（*Anser cygnoides*）、赤麻鸭（*Tadorna ferrugines*）、白额雁（*Anser albifrons*）、苍鹰（*Accipiter gentilis schvedow*）、雀鹰（*Accipiter nisus*）等 8 种，白马河边的赤麻鸭如图 7-8 所示。

图 7-8　白马河边的赤麻鸭

（图片来源：http://www.lunannews.com）

（3）爬行类

爬行类主要有蛇类、蜥蜴类、龟鳖类等 6 科 8 属 22 种，其中主要有丽斑麻蜥（*Eremias argus*）、壁虎（*Gekko swinhonis*）、中华鳖（*Pelodiscus sinensis*）、乌龟（*Chinemys reevesii*）、白条锦蛇（*Elaphe dione*）、黄脊游蛇（*Coluber spinalis*）、蝮蛇（*Agkistrodon halys*），其中尤其以蜥蜴类和蛇类在河流湿地中分布居多。

（4）两栖类

两栖类有蟾蜍科大蟾蜍（*Bufo bufo*）、花背蟾蜍（*Bufo raddei*）、黑眶蟾蜍（*Bufo melanostictus*），蛙科的黑斑蛙（*Rana nigromaculata*）、泽蛙（*Rana limnocharis*）和北方狭口蛙（*Kaloula borealis*）6 种。

（5）鱼类

白马河淡水鱼类资源比较丰富，共有淡水鱼 5 目 11 科 35 属 40 种，其中主要为鲤形目 2 科分别为鲤科和鳅科，包括青鱼（*Mylopharyngodon piceus*）、草鱼（*Ctenopharyngodon idellus*）、银飘（*Parapelecus argenteus*）、南方马口鱼（*Opsariichthys uncirostris*）、长春鳊（*Parabramis pekinensis*）、白鲢（*Hypophthalmichthys molitrix*）、花鲢（*Aristichthys nobilis*）、麦穗鱼（*Pseudorasbora parva*）、棒花鱼（*Abbottina rivularis*）、泥鳅（*Misgurnus anguillicaudatus*）、花鳅（*Cobitis taia*）、黄沙鳅（*Botia xanthi*）等在内的共 34 种，占总数的 69.3%，其次为鲈形目，有 5 科 5 种。其中主要鱼类有鲤鱼、草鱼、鲢鱼、银鱼、鲫鱼、鲶鱼、泥鳅、黄穗、乌鳢、银锢等。

（6）底栖类

淡水底栖动物约有 15 种，分别为甲壳纲的虾类和蟹类共 4 种、瓣鳃纲的蚌类和贝类共 5 种以及腹足纲的螺类 6 种。

7.4.4　规划期限和功能分区

7.4.4.1　规划期限

白马河湿地公园建设是一项综合性的保护、整治工程，根据规划先行、分期实施的原则，将白马河湿地公园规划期限初步定为 2015～2020 年，共计 6 年，分两期实施。

一期（发展阶段）：2015～2017 年，共计 3 年。

二期（完善阶段）：2018～2020 年，共计 3 年。

7.4.4.2　功能区划

根据用地现状和资源保护与利用的有关要求，按照自然、人文单元完整性的原则，将规划区分为生态保育区、恢复重建区、宣教展示区、合理利用区和管理服务区五个区域。实行分区管理，分别设立管理目标，制定技术措施，如表 7-11 所列。具体分区见书后彩图 4(d)，(g)，(h)。

表 7-11　临沂白马河湿地公园分区面积和比例

分区名称	面积/hm²	比例/%
生态保育区	224.62	61.71
恢复重建区	37.96	10.43
宣教展示区	35.27	9.69
合理利用区	54.85	15.07
管理服务区	11.30	3.10
总计	364.00	100.00

（1）生态保育区

生态保育区位于湿地公园的南部，主要是以水面、水中的小岛及周边滩涂为主，面积约 224.62hm²，占湿地公园总面积的 61.71%。目前该区经过前期的湿地水质净化后，自然景观优美，水量丰沛，植被种类丰富，鸟类数量繁多，分布有小岛，生物多样性丰富，为大量的水鸟提供了栖息、繁殖和越冬的理想场所。本区将以"净化水质，保护生物多样性和湿地景观"为主，主要进行部分地段的植被修复以及科研监测设施建设，不做过多的人工建设，主要开展巡护、保护以及科研监测工作。

（2）恢复重建区

恢复重建区位于湿地公园北部，与居住区相连受人们生活影响及破坏较多的区域，面积约 37.96hm²，占湿地公园总面积的 10.43%。

由于紧邻居民区，大量河床裸露在外，河床中垃圾较多，植物种类较单一，主要是柳树，其他树种极少见。

（3）宣教展示区

宣教展示区面积约 35.27hm²，占湿地公园总面积的 9.69%。该区域主要进行科普教育，兼有户外休闲功能。通过室外湿地展示园、湿地文化馆、荷花池、景观木栈道等向游客展示湿地生态系统服务功能，对游客进行科普宣教，让游客直观感受到湿地生态系统对于人类生存和发展的重要性，全面认识和了解白马河湿地，提高人们的湿地保护意识。

（4）合理利用区

合理利用区位于湿地公园中部，包括河流、滩涂、堤坝及坝外的农田，面积 54.85hm²，占湿地公园总面积的 15.07%。该区分布有大量的杨树林，间有岛状的芦苇分布，生态环境良好。结合现有景观和未来发展方向，将合理利用区定位为集现代农业观光、采摘、休闲、娱乐、体验为一体的区域，打造成富有自然和文化特色，并充满野趣的生态休闲区。此外，合理利用区还将通过坝和闸的合理设置，通过人为调控的方式控制水位，以此满足防洪、泄洪、灌溉和旅游等多层次的利用需求。

（5）管理服务区

管理服务区约 11.30hm²，占公园总面积的 3.10%。管理服务区主要建设内容有公园管理处、服务中心等配套基础设施。

7.4.5 投资估算

7.4.5.1 估算说明

根据项目建设期限，投资年限为 6 年，即 2014～2019 年。

建设投资构成分为工程费用、其他费用和预备费。

工程费用包括各保护工程费用、科普宣教工程费用、旅游规划费用、基础设施建设费用。

其他费用包括以下几种。

① 咨询费：按国家计委《建设项目前期工作咨询收费暂行规定》（计价格 [1999] 1283 号）执行。

② 勘查设计费：按国家计委、建设部《工程勘察设计收费管理规定》（计价格 [2002] 10 号）执行，调整系数 0.8。

③ 招投标费：按国家计委《招标代理服务收费管理暂行办法》（计价格 [2002] 1980 号）执行。

④ 建设单位管理费：按《基本建设财务管理规定》（财建 [2002] 394 号）执行。

⑤ 工程监理费：按国家发改委、建设部《建设工程监理与相关服务收费管理规定》（发改价格 [2007] 670 号）执行，调整系数 0.9。

⑥ 基本预备费：工程费用和其他费用的 5％。

7.4.5.2 投资估算

经估算，临沂白马河湿地公园建设项目总投资为 46421.21 万元，其中工程费用为 42833.39 万元，占总投资的 92.27％；其他费用 1377.29 万元，占总投资的 2.97％；预备费 2210.53 万元，占总投资的 4.76％。工程费用中，湿地保护工程投资 1681.99 万元，占工程费用的 3.93％；科普宣教投入 3162.9 万元，占工程费用的 7.38％；恢复工程投资 24902.00 万元，占工程费用的 58.14％；科研监测工程投资 143.3 万元，占工程费用的 0.33％；基础设施建设投资 10072.00 万元，占工程费用的 23.51％；合理利用设施建设投资 2871.20 万元，占工程费用的 6.70％。

项目费用按用途分：建安费 11006.79 万元，占总投资的 23.71％；设备费 6869.60 万元，占总投资额的 14.80％；其他 28544.82 万元，占总投资额的 61.49％。

7.4.6　项目实施及资金安排

按照工程建设内容的期限投入：一期（2015～2017 年）投入 38251.95 万元，占总投资的 82.40％；二期（2018～2020 年）投入为 8169.27 万元，占总投资的 17.60％。如表 7-12 所列。

表 7-12　临沂白马河省级湿地公园投资估算　　　　单位：万元

建设内容	投资额	投资成本			投资期限	
		建安费	设备费	其他	一期	二期
					2014～2015	2016～2017
建设总投资	46421.21	11006.79	6869.60	28544.82	38251.95	8169.27
1.工程费用	42833.39	11006.79	6869.60	24957.00	35769.39	7064.00
1.1 保护工程	1681.99	1367.79	314.20	—	1681.99	—
1.2 恢复工程	24902.00	—	—	24902.00	24902.00	—
1.3 科研监测	143.30	—	128.30	15.00	—	143.30
1.4 科普宣教	3162.90	300.00	2822.90	40.00	3114.00	48.90
1.5 基础设施	10072.00	7750.00	2322.00	—	5390.00	4682.00
1.6 合理利用	2871.20	1589.60	1282.20	—	681.40	2189.80
2.其他费用	1377.29	—	—	1377.29	1377.29	—
3.预备费	2210.53	—	—	2210.53	1105.27	1105.27

注：1. 总投资额与分期投资总额差异是数字四舍五入造成的。

2. "—"表示无数据。

7.5　临沂李公河湿地公园规划

7.5.1　自然地理条件

临沂李公河省级湿地公园总体规划见书后彩图 5(a)～(h)。

7.5.1.1　地理位置

临沂李公河湿地公园位于临沂经济技术开发区。规划区东北起 205 国道，东南至沂河中心线，包括李公河主河道、漫滩、周边部分堤坝等及沂河一部分。河道南北跨度 9.45km。地理坐标介于东经 118°47′22.68″～118°51′50.77″，北纬 35°11′50.43″～35°13′45.77″之间。河床最宽处 222m，最窄处 58m，平均宽 112m，规划总面积 225.17hm^2，其中湿地面积 155.93hm^2，湿地率 69.25%。

临沂经济技术开发区位于山东省东南部，为临沂市辖国家级经济技术开发区，行政区划上属临沂市河东区。地理坐标为北纬 34°58′21″～35°03′23″，东经 118°24′01″～118°33′17″，西隔沂河与临沂市罗庄区相望，东隔沭河与临沭相邻，南隔引沂入沭水道与郯城县相接，北与临沂市河东区毗邻。东临日照、岚山、连云港三大港口，辖区内飞机场与全国各主要城市通航；兖石铁路横穿东西，胶新铁路纵贯南北，205 国道、206 国道、327 国道和 342 省道纵横交错，交通便利。

7.5.1.2　气候

（1）气候

临沂经济技术开发区属暖温带季风区半湿润大陆性气候，大陆度 61.1%。气候特征是：春季温暖，干燥多风；夏季湿热，雨量充沛；秋季凉爽，昼夜温差大；冬季寒冷，雨雪稀少。四季分明，光照充足，无霜期长。

（2）气温

历年平均气温为 13.2℃，极端最高气温 40℃，极端最低气温－16.5℃。历年春季平均气温为 13℃，夏季为 25.3℃，秋季为 14.6℃，冬季为 0.1℃。月气温以 1 月最低，7 月最高。平均初霜期在 10 月 20～25 日，初霜最早在 10 月上旬，最晚在 11 月上旬，终霜最早在 3 月中旬，最晚在 5 月 5 日，无霜期为平均 202d。结冰最早为 10 月 27 日，最晚为 4 月 12 日，结冰期平均为 98d。

（3）光照条件

年平均日照为 2357.5h，日照时数为 5、6 月最多，2 月最少。光照可满足农作物生长季节需求。

（4）降水状况

本区累积年平均降水量 880.2mm。最多降水年 1417.3mm，最少降水年 539.5mm。7、8 月降水最多，1 月降水最少。月最大降水量为 704.1mm，日最大降水量为 257.7mm。雨季一般始于 6 月下旬，9 月初结束。平均降雪初日在 12 月上旬，终日为 3 月中旬，最早降雪初日在 11 月 8 日，最晚终日在 4 月 28 日。

7.5.1.3　土壤与植被

（1）土壤

临沂经济技术开发区地处临郯苍平原腹地，土质肥沃，主要有棕壤、褐土、潮土、砂姜黑土、水稻土 5 类。水稻土全区都有分布，潮土主要分布于沂河、沭河两岸，砂姜黑土主要分布在凤凰岭和重沟西部，棕壤只在少部分地区有零星分布。

（2）植被

属于暖温带夏绿林带，境内已无原生植被，现有植被以农作物为主，约占全区总面积的 66%。其余多为次生稀疏乔木、灌木丛和草本植物群落，林木覆盖率为 21.3%。

常见的乔木有赤松、侧柏、毛白杨、小叶杨、刺槐、柳、榆、臭椿等树。果树有苹果、梨、板栗、桃、杏、大枣、柿子、李等。此外，还有水杉、泡桐、毛竹等。

在山丘地带常见的灌木有紫穗槐、胡枝子、酸枣、荆条、山兰、芫花、葛、木通、茶树等；平原地带还有蜡条、绵柳等。

草本植物常见的有：山丘荒坡主要生长着黄背草、白羊草、霞草、卷柏、结缕草、羊胡子草、马唐、蟋蟀草等；平原地堰多被剪刀股、独行菜、米口袋、紫花地丁、马唐等所覆盖；浅水沟、塘多生长苇、荻、蒲等；河岸、排水沟旁多被白茅、柳叶箬等群落覆盖；水生植物有莲、菱、荸荠、黑藻、浮萍等；粮食作物主要有小麦、玉米、地瓜、大豆、谷子、高粱、水稻等；经济作物主要有花生、黄烟和蔬菜、药材等。

全区草本群落盖度较大，多在 0.7～1.0 之间，夏季生长旺盛，水土保持能力很强。

7.5.1.4　水文

本区境内河流分属沂河、沭河水系，统属淮河流域，有沂河、沭河、李公河等大小河流十几条。沂河上游支流众多，境内主要支流是李公河。除李公河注入沂河外，其他河流均注入沭河。

7.5.2　湿地类型、面积与分布

7.5.2.1　湿地类型和分布

李公河湿地公园的主体是临沂经济技术开发区境内的李公河及沂河的一部分。公元 1577 年明朝知州李尊为疏通沂河、沭河的洼地之水，率众人修建此河，为李公河。公元 1625 年明朝知州李可嘉再次修河建村，使多年来的荒地变为良田，是李公庄的来源。李公河周边一带多湿地、河塘，且易涝。而湿地作为一直留存的生境也成为了李公河历史文化的一个重要代表。

根据上述规划区湿地的形成历史和现状，参照《全国湿地资源调查技术规程（试行）》的湿地分类标准，公园范围内的湿地可分为三类四型。

（1）河流湿地

1）永久性河流　湿地公园的湿地类型具有以河流湿地为主、输水河为辅的特点。公园南部是临沂的母亲河——沂河干流的一部分，其河道是千百年来自然形成的天然河道。近几年，虽然因小埠东橡胶坝的建成而输送地表径流的功能稍有弱化，但其一直保持天然河流的蜿蜒河道、自然驳岸、河漫滩和湿地植被，且在雨季洪水到来时，承担着向下游输送洪水的功能。故归入永久性河流湿地类型，如图 7-9 所示。

(a)　　　　　　　　　　　　　　　　(b)

图 7-9　沂河河道

2）洪泛平原　由于李公河发源于河东区北部丘陵地带且支流众多，故每逢汛期则泛滥形成大量河滩、河心洲，目前在李公河部分岸段和水域仍然存在面积不等的河滩和河心洲，其具体范围随水位波动而变化，属于典型的洪泛平原湿地。靠近河岸的河滩和位于河中间的河心洲芦苇群落生长良好，是芦苇群落的主要分布区。

湿地公园南部是沂河主河道的一部分。小埠东橡胶坝的建成，使得沂河水量除雨季汛期外均有所减少而形成大量的河滩，这部分河滩也属于洪泛平原湿地。如图 7-10 所示。

（2）湖泊湿地（永久性淡水湖）

由于李公河湿地公园一带地势低洼，历来多湿地、河塘，故在公园范围内附近存在着大大小小十几个淡水湖，大的湖泊长期有水，小的湖泊季节性存水。随着李公河中、下游拦河坝的建成，李公河附近地下水位上升，这些

(a)   (b)

图 7-10　枯水季节湿地公园沂河部分

淡水湖就成为了永久性淡水湖泊。

（3）人工湿地（输水河）

李公河主河道是 1577 年为了疏浚当地低洼地带的积水而修建的人工排水渠道，因而是一条典型的运河（输水河），具有鲜明的人工塑造痕迹，如岸线平直、河床规整。不过，经过 400 多年的自然演替，李公河已呈现自然河流的某些特征，如部分河段水生植被发育良好，沉水、挺水、漂浮、湿生、旱生等各种生态型的植物由河心深水区向两侧堤岸依次分布，形成渐近发展的演替系列。如图 7-11 所示。

(a)   (b)

图 7-11　李公河河道

为了补充水源，避免李公河因上游来水匮乏而断流，同时也为了附近农田的灌溉和排水，从沂河小埠东橡胶坝处开挖一条输水河，连入李公河。其位于公园内部分河段属于人工湿地（运河、输水河）。

7.5.2.2 湿地面积

通过遥感解译和实地调查，李公河湿地公园湿地总面积为 155.93hm²，湿地率为 69.25％。其中，河流湿地面积 121.47hm²（包括永久性河流 62.08hm²，占湿地总面积 39.81％；洪泛平原 59.39hm²，占湿地总面积 38.09％），占湿地总面积 77.90％；湖泊湿地 12.44hm²，占湿地总面积 7.98％；人工湿地（运河、输水河）22.02hm²，占湿地总面积 14.12％（见表 7-13）。

表 7-13　临沂李公河湿地公园湿地类型及面积

湿地类	面积/hm²	占总面积/％	湿地型	面积/hm²	占总面积/％
河流湿地	121.47	77.90	永久性河流	62.08	39.81
			洪泛平原	59.39	38.09
湖泊湿地	12.44	7.98	永久性淡水湖	12.44	7.98
人工湿地	22.02	14.12	运河、输水河	22.02	14.12
合计	155.93	100	合计	155.93	100.00

7.5.3 湿地生物多样性

7.5.3.1 植物多样性

李公河湿地公园地处我国南北过渡区淮河流域的东北部，具有南北植物交汇的特色，但暖温带特点更为明显，仅有少量亚热带植物分布。根据吴征镒主编的《中国植被》提出的中国植被区划系统，规划区属于Ⅲ暖温带落叶阔叶林区域、Ⅲi暖温带落叶阔叶林地带、Ⅲib暖温带南部落叶栎林亚林带、Ⅲib-3黄、海河平原栽培植被区。规划区周边人口稠密、开发历史久远，故陆生自然植被消失殆尽，以人工栽培植被为主；水域环境由于人类活动干扰也较大，且部分河道为人工挖掘，物种多样性相对丰富，结构不够合理。

湿地公园内有维管束植物 3 门 78 科 225 属 415 种，包括蕨类植物 9 科 10 属 15 种；裸子植物 2 科 3 属 3 种；被子植物 67 科 212 属 397 种。其中野大豆和中华结缕草是国家二级保护植物；草问荆、紫萁、野鸢尾、胡桃楸、山东银莲花、无毛溲疏、竹叶椒、漆、糠椴、中华秋海棠、鹿蹄草、连翘、紫草、桔梗等 14 种是山东省重点保护植物；银杏是临沂市的市树；山东银莲花和宽蕊地榆是山东省特有植物种。

湿地植物大都为广布种，主要有芦苇属、浮萍属、藨草属、荸荠属、莎草属、苔草属、香蒲属、蓼属、金鱼藻属、菱属和狐尾藻属等。河流沿岸林带主要为毛白杨、黑杨、旱柳、垂柳、枫杨、构树、板栗、榆等。在湿地边缘不积水区域，还分布着部分加杨、杂交杨、刺槐、紫穗槐、侧柏、酸枣等。

植物群落主要有芦苇群落、杨树群落等，形成了典型的湿地植被景观。

7.5.3.2 动物多样性

李公河湿地公园的动物区系属于古北界东北亚界华北区黄淮平原亚区。该区人类活动与农业开发的历史久远，天然林十分有限，几乎全部为次生林和人工林，其他生境类型则以次生林地、灌木丛、农田和园地为主，这影响了大型野生动物的存在。但是李公河湿地公园存在大面积的水面和林地，因此公园内的小型动物、鱼类和禽类还是较为丰富的，优势种为适应于农耕环境包括稀疏林地的种类。值得注意的是，沿我国东部候鸟迁徙通道迁飞的鸟类种类繁多、数量巨大，特别是公园南部沂河部分，常常见到各种鸟在水面翩跹起舞，不乏珍稀濒危种类。

7.5.4 规划期限与功能分区

7.5.4.1 规划期限

李公河湿地公园建设是一项综合性的保护、整治工程，根据规划先行、分期实施的原则，将李公河湿地公园规划期限初步定为 2013～2016 年，共计 4 年，分两期实施。

一期（发展阶段）：2013～2014 年，共计 2 年。

二期（完善阶段）：2015～2016 年，共计 2 年。

7.5.4.2 功能区划

根据用地现状和资源保护与利用的有关要求，按照自然、人文单元完整性的原则，将规划区分为生态保育区、恢复重建区、科普宣教区、合理利用区和管理服务区等区域。实行分区管理，分别设立管理目标，制定技术措施，如表 7-14 所列。具体分区见书后彩图 5(d)，(g)，(h)。

表 7-14　临沂李公河湿地公园分区面积和比例

分区名称	面积/hm²	比例/%
生态保育区	60.14	26.71
恢复重建区	19.16	8.51
科普宣教区	21.82	9.69
合理利用区	112.74	50.07
管理服务区	11.30	5.02
总计	225.17	100

（1）生态保育区

生态保护区位于湿地公园的北部，以水面、水中的小岛及周边滩涂为主，面积约 60.14hm²，占湿地公园总面积的 26.71％。目前该区经过前期的湿地水质净化后，自然景观优美，水量丰沛，植被种类丰富，鸟类数量繁多，分布有小岛，生物多样性丰富，为大量的水鸟提供了栖息、繁殖和越冬的理想场所。本区以"净化水质，保护生物多样性和湿地景观"为主，主要进行部分地段的植被修复以及科研监测设施建设，不做过多的人工建设，主要开展巡护、保护以及科研监测工作。

（2）合理利用区

合理利用区位于湿地公园东西两侧，包括河流、滩涂、堤坝及坝外的农田，面积 112.74hm²，占湿地公园总面积的 50.07％。该区分布有大量的杨树林，间有岛状的芦苇分布，生态环境良好。结合现有景观和未来发展方向，将合理利用区定位为集现代农业观光、采摘、休闲、娱乐、体验于一体的区域，打造成富有自然和文化特色，并充满野趣的生态休闲区。此外，合理利用区还通过坝和闸的合理设置，人为调控的方式控制水位，以此满足防洪、泄洪、灌溉和旅游等多层次的利用需求。

（3）科普宣教区

科普宣教区面积约 21.82hm²，占湿地公园总面积的 9.69％。该区域主要进行科普教育，兼有户外休闲功能。通过室外湿地展示园、湿地文化馆、荷花池、景观木栈道等向游客展示湿地生态系统服务功能，对游客进行科普宣教，让游客直观感受到湿地生态系统对于人类生存和发展的重要性，全面认识和了解李公河湿地，提高人们的湿地保护意识。

（4）恢复重建区

恢复重建区位于湿地公园南部，为沂河边缘，面积约 19.16hm²，占湿

公园总面积的 8.51%，

由于小埠东橡胶坝的建立，导致除雨季外此处水量偏少，大量河床裸露在外，植物种类较单一，主要是柳树，其他树种极少见。

（5）管理服务区

管理服务区约 11.30hm^2，占公园总面积的 5.02%。管理服务区主要建设内容有公园管理处、服务中心等配套基础设施

7.5.5　投资估算

7.5.5.1　估算说明

根据项目建设期限，投资年限为 4 年，即 2013～2016 年。

建设投资构成分为工程费用、其他费用和预备费。工程费用包括各保护工程费用、科普宣教工程费用、旅游规划费用、基础设施建设费用。

其他费用包括以下几种。

① 咨询费：按国家计委《建设项目前期工作咨询收费暂行规定》（计价格［1999］1283 号）执行。

② 勘查设计费：按国家计委、建设部《工程勘察设计收费管理规定》（计价格［2002］10 号）执行，调整系数 0.8。

③ 招投标费：按国家计委《招标代理服务收费管理暂行办法》（计价格［2002］1980 号）执行。

④ 建设单位管理费：按《基本建设财务管理规定》（财建［2002］394 号）执行。

⑤ 工程监理费：按国家发改委、建设部《建设工程监理与相关服务收费管理规定》（发改价格［2007］670 号）执行，调整系数 0.9。

⑥ 基本预备费：工程费用和其他费用的 5%。

7.5.5.2　投资估算

经估算，临沂李公河省级湿地公园建设项目总投资为 16949.24 万元，其中工程费用为 14921.94 万元，占总投资的 88.04%；其他费用 1225.70 万元，占总投资的 7.23%；预备费 801.6 万元，占总投资的 4.73%。工程费用中，湿地保护工程投资 994.8 万元，占工程费用的 6.67%；科普宣教投入 3736.9 万元，占工程费用的 25.04%；科研监测工程投资 279.6 万元，占工程费用的 1.87%；基础设施建设投资 4067.06 万元，占工程费用的 27.26%；合理利用

设施建设投资 3718.6 万元，占工程费用的 24.92％。

项目费用按用途分：建安费 8052.14 万元，占总投资的 47.51％；设备费 3937.80 万元，占总投资额的 23.23％；其他 4959.3 万元，占总投资额的 29.26％。

7.5.5.3 项目实施及资金安排

按照工程建设内容的期限投入：一期（2013～2014 年）投入 8596.33 万元，占总投资的 50.7％；二期（2015～2016 年）投入为 8352.91 万元，占总投资的 49.3％。如表 7-15 所列。

表 7-15 临沂李公河省级湿地公园投资估算 单位：万元

建设内容	投资额	投资构成			投资期限	
		建安费	设备费	其他	一期	二期
项目总投资	16949.24	8052.14	3937.80	4959.30	8596.33	8352.91
1.工程费用	14921.94	8052.14	3937.80	2932.00	7225.86	7696.08
1.1 保护工程	994.80	8420.50	174.30	—	994.80	—
1.2 恢复工程	2125.0	—	—	2125.0	2125.0	—
1.3 科研监测	279.6	—	272.6	7.0	—	279.6
1.4 科普宣教	3736.9	300.0	2636.9	800.0	400.0	3336.9
1.5 基础设施	4067.06	3617.06	450.00	—	3667.06	400.00
1.6 合理利用	3718.6	3314.6	404	—	39.0	3679.6
2.其他费用	1225.7	—	—	1225.7	955.6	270.1
3.预备费	801.6	—	—	801.6	414.9	386.7

注：1.总投资额与分期投资总额差异是数字四舍五入造成的。

2."—"表示无数据。

临沂河流湿地公园植物名录

科名	属名	种名	备注
木贼科　*Equisetaceae*			
	木贼属　*Equisetum*		
		木贼草　*Equisetum hiemale* Linne.	
		问荆　*Equisetum arvense* L.	
杉科　Metasequoiaceae			
	水杉属　*Metasequoia*		
		水杉　*Metasequoiaceae glyptostroboides*	国家一级保护
杨柳科　Sslicaceae			
	柳属　*Salix* L.		
		垂柳　*Salix bagylonica* L.	
		旱柳　*Salix matsudana* Koidz.	
		筐柳　*Salix linearistipularis*	
	杨属　*Populus* L.		
		银白杨　*Populus alba* L.	
		小叶杨　*Populus simonii*	
胡桃科　*juglandaceae*			
	枫杨属　*Pterocarya* Kunth		
		枫杨　*Pterocarya sternoptera* C. DC	
桑科　*Moraceae*			
	构树属　*Broussonetia*		

续表

科名	属名	种名	备注
桑科　Moraceae			
		构树　*Broussonetia papyrifera*	
	柘树属　*Cudrania*		
		柘树　*Cudrania tricuspidata*	
马兜铃科　*Aristolochiaceae*			
	马兜铃属　*Aristolochia*		
		马兜铃　*Aristolochia debilis*	
蓼科　*Pplygonaceae*			
	荞麦属　*Fagopyrum*		
		荞麦　*Fagopyrum esculentum*	
		苦荞麦　*Fagopyrum tataricum*	
	蓼属　*Polygonum*		
		红蓼　*Polygonum orientale*	
		酸模叶蓼　*Polygonum lopathifolium*	
		水蓼　*Polygonum hydropiper*	
		丛枝蓼　*Polygonum caespitosum*	
		红辣蓼　*Polygonum flaecidum*	
藜科　*Chenopodiaceae*			
	藜属　*Chenopodium*		
		藜　*Chenopodium album*	
		小藜　*Chenopodium serotinum*	
	地肤属　*Kochia*		
		地肤　*Kochia scoparia*	
		扫帚菜　*Kochia scoparia trichophila*	
	猪毛菜属　*Salsola*		
		猪毛菜　*Salsola collina*	
苋科　*Amaranthaceae*			
	苋属　*Amaranthus*		

续表

科名	属名	种名	备注
苋科 *Amaranthaceae*			
		反枝苋 *Amaranthus retroflexus*	
		苋 *Amaranthus tricolor*	
马齿苋科 *Portulacaceae*			
	马齿苋属 *Portulaca*		
		马齿苋 *Portulaca oleracea* L.	
		大花马齿苋 *Portulaca grandiflora*	
石竹科 *Caryophyllaceae*			
	石竹属 *Dianthus*		
		石竹 *Dianthus chinensis*	
	女娄菜属 *Melandrium* Roehl.		
		女娄菜 *Melandrium apricum*	
	鹅肠菜属 *Melandrium* Moench.		
		牛繁缕 *Melandrium aquaticum*	
	王不留行属 *Vaccaria*		
		王不留行 *Vaccaria segelalis*	
毛茛科 *Portulacaceae*			
	白头翁属 *Pulsatilla*		
		白头翁 *Pulsatilla chinensis*	
	毛茛属 *Ranunculus*		
		毛茛 *Ranunculus japonicus*	
		茴茴蒜 *Ranunculus chinensis* Bge.	
罂粟科 *Papaveraceae*			
	紫堇属 *Corydalis*		
		苦地丁 *Corydalis bungeana*	
十字花科 *Cruciferae*（*Brassiaceae*）			
	荠属 *Capsella*		
		荠菜 *Capsella bursapastoris* Medic.	

续表

科名	属名	种名	备注
十字花科　*Cruciferae*（Brassiaceae）			
	播娘蒿属　*Descurainia*		
		播娘蒿　*Descurainia sophia*	
	独行菜属　*Lepidium*		
		独行菜　*Lepidium apetalum*	
豆科　*Leguminosae*（Fabeceae）			
	紫穗槐属　*Amorpha*		
		紫穗槐　*Amorpha fruticosa*	
	米口袋属　*Gueldenstaedtia*		
		米口袋　*Gueldenstaedtia multiflora*	
	胡枝子属　*Lespedeza*		
		胡枝子　*Lespedeza bicolor*	
		铁扫帚　*Lespedeza sercea*	
	大豆属　*Glycine*		
		大豆　*Glycine soja*	
	豌豆属　*Pisum* L.		
		豌豆　*Pisum saticvum*	
	葛属　*Pueraria*		
		野葛　*Pueraria lobata*	
	豇豆属　*Vigna Savi*		
		赤豆　*Vigna angularis*	
	菜豆属　*Pueraria*		
		绿豆　*Pueraria radiatus*	
	槐属　*Sophora* L.		
		苦参　*Sophora flarescens*	
	田菁属　*Seshania* Scop.		
		田青　*Seshania cannabina*	

续表

科名	属名	种名	备注
蔷薇科 *Rosaceae*			
	悬钩子属 *Rubus*		
		茅莓 *Rubus parvifolius*	
	蛇莓属 *Ducheshea*		
		蛇莓 *Ducheshea indica*	
	委陵菜属 *Potentilla*		
		翻白草 *Potentilla discolor*	
	绣线菊属 *Spiraea*		
		绣线菊 *Spiraea salicifolia*	
	地榆属 *Sanguisorba*		
		地榆 *Sanguisorba officinalis*	
酢浆草科 *Ozalidaceae*			
	酢浆草属 *Oxalis*		
		酢浆草 *Oxalis corniculata L.*	
蒺藜科 *Zygophyllaceae*			
	蒺藜属 *Tribulus*		
		蒺藜 *Tribulus terrestris*	
大戟科 *Euphorbiaceae*			
	铁苋菜属 *Acalypha*		
		铁苋菜 *Acalypha australis*	
	大戟属 *Euphorbia*		
		猫眼草 *Euphorbia lunulata*	
	蓖麻属 *Ricinus*		
		蓖麻 *Ricinus communis*	
锦葵科 *Malvaceae*			
	蜀葵属 *Althaea*		
		蜀葵 *Althaea rosea*	
	苘麻属 *Abutilon*		
		苘麻 *Abutilon theophrasti*	

续表

科名	属名	种名	备注
堇菜 *Violae*			
	堇菜属 *Viola*		
		紫花地丁 *Viola philippica* Car.	
		鸡腿堇菜 *Viola acuminata* Ledeb. var. acuminata	
菱科 *Trapaceae*（*Hydrocaryaceae*）			
	菱属 *Trapa*		
		菱角 *Trapa bispinosa*	
		四角菱 *Trapa quadrispinosa*	
伞形科 *Umbelliferae*（*Apiaceae*）			
	柴胡属 *Bupleurum*		
		柴胡 *Bupleurum chinense*	
	水芹属 *Oenanthe*		
		水芹 *Oenanthe javanica*	
	山茴香属 *Carlesia*		
		山茴香 *Carlesia sinensis*	
萝摩科 *Asclepiadaceae*			
	杠柳属 *Periploca*		
		杠柳 *Periploca sepium*	
	萝摩属 *Metaplexis*		
		萝摩 *Metaplexis japonica*	
旋花科 *Convolvulaceae*			
	菟丝子属 *Cuscuta*		
		菟丝子 *Cuscuta chinensis* Lam.	
	打碗花属 *Calystegia*		
		打碗花 *Calystegia hederacea*	
唇形科 *Kabuatae*			
	夏至草属 *Lagopsis*		
		夏至草 *Lagopsis supina*	

科名	属名	种名	备注
唇形科 *Kabuatae*			
	益母草属 *Leonurus*		
		益母草 *Leonurus heterophyllus* Sweet.	
	夏枯草草 *Prunella*		
		夏枯草 *Prunella vulgaris*	
	薄荷属 *Mentha*		
		野薄荷 *Mentha haplocalyx*	
	鼠尾草属 *Salvia*		
		丹参 *Salvia miltiorrhiza*	
茄科 *Solanaceae*			
	辣椒属 *Cupsicum*		
		辣椒 *Cupsicum frutescens* ·	
	曼陀罗属 *Datura*		
		曼陀罗 *Datura stramonium*	
	酸浆属 *Physalis*		
		酸浆 *Physalis alkekengi* var. franchetii	
车前科 *Plantaginaceae*			
	车前草属 *Plantago*		
		车前 *Plantago asiatica* Linn.	
		小车前 *Plantago depressa*	
茜草科 *Rubiaceae*			
	拉拉藤属 *Galium*		
		莲子菜 *Galium verum*	
		猪殃殃 *Galium aparine var tenrum*	
	茜草属 *Rubia*		
		茜草 *Rubia cordifolia*	
桔梗科 *Campanulaceae*			
	桔梗属 *Platycodon*		
		桔梗 *Platycodon grandiflorum*	

续表

科名	属名	种名	备注
菊科　*Compositae*（*Asteraceae*）			
	蒿属　*Artemisia*		
		茵陈蒿　*Artemisia capillaris*	
		黄花蒿　*Artemisia annua*	
		青蒿　*Artemisia apiacea*	
		艾蒿　*Artemisia argyi*	
	鬼针草属　*Bidens*		
		鬼针草　*Bidens bipinata*	
	蓟属　*Cirsium*		
		刺儿菜　*Cephalanoplos segetum*	
		大刺儿菜　*Cephalanoplos setosum*	
		大蓟　*Cirsium japonicum*	
	旋复花属　*Inula*		
		旋复花　*Inula japonica*	
	苦荬菜属　*Ixeris*		
		苦荬菜　*Ixeris denticulata*	
		抱茎苦荬菜　*Ixeris Sonchifolia*	
	蒲公英属　*Taraxacum*		
		蒲公英　*Taraxacum mengolicum*	
	苍耳属　*Xanbhium*		
		苍耳　*Xanbhium sibiricum*	
	菊属　*Dendranthema*		
		野菊　*Dendranthema indicum*	
香蒲科　*Typhaceae*			
	香蒲属　*Typha*		
		东方香蒲　*Typha orientalis* Presl	
		小香蒲　*Typha minima* Funk	

续表

科名	属名	种名	备注
禾本科　*Gramineae*（*Poaceae*）			
	荩草属　*Arthraxon*		
		荩草　*Arthraxon hispidus*	
	看麦娘属　*Alopecurus*		
		看麦娘　*Alopecurus aequalis*	
	稗属　*Echinochloa*		
		稗子　*Echinochloa crusgalli*	
	野燕麦属　*Arena*		
		野燕麦　*Arena fatua*	
	芦苇属　*Phragmitas*		
		芦苇　*Phragmitas communis Trin*	
	白茅属　*Imperata*		
		白茅　*Imperata cylindrica*	
	稻属　*Oryza*		
		水稻　*Oryza satira*	
	结缕草属　*Zoysia Willd.*		
		结缕草　*Ioysia willd japonica steud*	
	狗尾草属　*Setaria*		
		狗尾草　*Setaria Beauv viridis*	
	虱子草属　*Tragus*		
		虱子草　*Tragus berteronianus*	
	菅属　*Themeda*		
		黄背草　*Themeda triandra var japonica*	
莎草科　*Cyperaceae*			
	羊胡子草属　*Carex*		
		羊胡子草　*Carex lanceolata*	
	莎草属　*Cyperus*		
		莎草　*Cyperus rotundus*	

续表

科名	属名	种名	备注
莎草科 *Cyperaceae*			
	荸荠属 *Zleocharis*		
		荸荠 *Zleocharis tuberosa*	
浮萍科 *Lemaceae*			
	浮萍属 *Lemna*		
		浮萍 *Lemna minor* L.	
	紫萍属 *Spirodela*		
		紫萍 *Spirodela polyrrhiza*（L.）Schleid.	
鸭跖草科 *Commelinaceae*			
	鸭跖草属 *Commelina*		
		鸭跖草 *Commelina communis*	
百合科 *Liliaceae*			
	葱属 *Allium*		
		山韭 *Allium senescens*	
		山蒜 *Allium nipponicum*	
	萱草属 *Hemerocallis*		
		黄花 *Hemerocallis citrina*	
	百合属 *Lilium*		
		山丹 *Lilium concolor* var. pulchellum	
鸢尾科 *Iridaceae*			
	射干属 *Belamcanda*		
		射干 *Belamcanda chinensis*（L.）DC.	

附录2 临沂河流湿地公园鸟类名录

科名	属名	种名	备注
鹭科 *Ardeidae*			
	鹭属 *Ardea*		
		苍鹭 *Ardea cinerea rectirostris*	经济或科研保护
		草鹭 *Ardea purpurea*	经济或科研保护
	绿鹭属 *Butorides*		
		绿鹭 *Butorides striatus*	经济或科研保护
	池鹭属 *Ardeola*		
		池鹭 *Ardeola bacchus*	经济或科研保护
	白鹭属 *Egretta*		
		大白鹭 *Egretta alua*	经济或科研保护
	苇鳽属 *Ixobrychus*		
		黄斑苇鳽 *Ixobrychus sinensis*	经济或科研保护
	麻鳽属 *Botaurus*		
		大麻鳽 *Botaurus stellaris stellaris*	经济或科研保护
鹳科			
	鹳属 *Ciconia*		
		白鹳 *Ciconia ciconia*	国家一级保护
鸭科			
	雁属 *Anser*		
		鸿雁 *Anser cygnoides*	国家二级保护

续表

科名	属名	种名	备注
鸭科			
		豆雁　*Anser fabalis*	经济或科研保护
		白额雁　*Anser albifrons*	国家二级保护
	天鹅属　*Cygnus*		
		大天鹅　*Cygnus cygnus*	国家二级保护
	麻鸭属　*Tadorna*		
		赤麻鸭　*Tadorna ferrugines*	经济或科研保护
	鸭属　*Anas*		
		针尾鸭　*Anas acuta*	经济或科研保护
		绿翅鸭　*Anas crecca*	经济或科研保护
		罗纹鸭　*Anas falcata* Georgi	经济或科研保护
		绿头鸭　*Anas platyrhynchos*	经济或科研保护
		斑嘴鸭　*Anas poecilorhyncha*	经济或科研保护
		赤膀鸭　*Anas strepera*	经济或科研保护
		赤颈鸭　*Anas penelope* Linnaeus	经济或科研保护
	鸳鸯属　*Aix*		
		鸳鸯　*Aix galericulata*	国家二级保护
	秋沙鸭属　*Mergus*		
		普通秋沙鸭　*Mergus merganser*	经济或科研保护
鹰科			
	鹰属　*Accipiter*		
		苍鹰　*Accipiter gentilis*	国家二级保护
		雀鹰　*Accipiter nisus*	国家二级保护
		松雀鹰　*Accipiter virgatur*	国家二级保护
	鹞属　*Circus*		
		鹊鹞　*Circus melanoleucos*	国家二级保护
		白尾鹞　*Circus cyaneus*	国家二级保护

续表

科名	属名	种名	备注
隼科			
	隼属 *Falco*		
		灰背隼 *Falco columbarius*	国家二级保护
		红隼 *Falco tinnunculus*	国家二级保护
雉科			
	鹑属 *Coturnix*		
		鹌鹑 *Coturnix coturnix*	
	雉属 *Phasianus*		
		雉鸡 *Phasianus colchicus*	经济或科研保护
三趾鹑科			
	三趾鹑属 *Turnix*		
		黄脚三趾鹑 *Turnix tanki*	
鹤科			
	鹤属 *Grus*		
		白枕鹤 *Grus vipio*	国家一级保护
		灰鹤 *Grus grus*	国家二级保护
		丹顶鹤 *Grus japonersis*	国家一级保护
秧鸡科			
	董鸡属 *Gallicrex*		
		董鸡 *Gallicrex cinerea*	经济或科研保护
	黑水鸡属 *Gallinual*		
		黑水鸡 *Gallinual chloropus*	经济或科研保护
	骨顶鸡属 *Fulica*		
		骨顶鸡 *Fulica atra* Linnaeus	经济或科研保护
鸥科			
	鸥属 *Larus*		
		红嘴鸥 *Larus ridibundus* Linnaeus	经济或科研保护

续表

科名	属名	种名	备注
鸥科			
	燕鸥属 *Sterna*		
		白额燕鸥 *Sterna albifrons*	经济或科研保护
鸠鸽科			
	斑鸠属 *Streptopelia*		
		山斑鸠 *Streptopelia orientalis*	经济或科研保护
		灰斑鸠 *Streptopelia decaocto*	经济或科研保护
		珠颈斑鸠 *Streptopelia chinensis*	经济或科研保护
	火斑鸠属 *Oenopopelia*		
		火斑鸠 *Oenopopelia tranguebarica*	经济或科研保护
杜鹃科			
	杜鹃属 *Cuculus*		
		四声杜鹃 *Cuculus micropterus*	经济或科研保护
		大杜鹃 *Cuculus canorus* Linnaeus	经济或科研保护
雨燕科			
	雨燕属 *Apus*		
		白腰雨燕 *Apus pacificus*（Latham）	经济或科研保护
翠鸟科			
	翠鸟属 *Alcedo*		
		普通翠鸟 *Alcedo atthis* Gmelin	经济或科研保护
	翡翠属 *Halcyon*		
		蓝翡翠 *Halcyon pileta*（Boddaert）	经济或科研保护
佛法僧科			
	三宝鸟属 *Eurystomus*		
		三宝鸟 *Eurystomus orientalis*	经济或科研保护
戴胜科			
	戴胜属 *Upupa*		
		戴胜 *Upupa epops*	经济或科研保护

科名	属名	种名	备注
啄木鸟科			
	绿啄木鸟属　*Picus*		
		黑枕绿啄木鸟　*Picus canus*	
	啄木鸟属　*Dendrocopos*		
		大斑啄木鸟　*Dendrocopos major*	经济或科研保护
		小星头啄木鸟　*Dendrocopos kizuki*	经济或科研保护
百灵科			
	沙百灵属　*Calandrella*		
		小沙百灵　*Calandrella rufescens*	
	凤头百灵属　*Galerida*		
		凤头百灵　*Galerida cristata*	
	云雀属　*Alauda*		
		云雀　*Alauda arvensis*	经济或科研保护
燕科			
	燕属　*Hirundo*		
		家燕　*Hirundo rustica*	经济或科研保护
		金腰燕　*Hirundo daurica*	经济或科研保护
山椒鸟科			
	山椒鸟属　*Pericrocotus*		
		灰山椒鸟　*Pericrocotus divaricatus*	经济或科研保护
鹎科			
	鹎属　*Pycnonotus*		
		白头鹎　*Pycnonotus sinensis*	经济或科研保护
太平鸟科			
	太平鸟属　*Bombycilla*		
		太平鸟　*Bombycilla garrulus*	经济或科研保护
		小太平鸟　*Bombycilla japonica*	经济或科研保护

续表

科名	属名	种名	备注
伯劳科			
	伯劳属 *Lanius*		
		虎纹伯劳 *Lanius tigrinus* Drapiez	经济或科研保护
		牛头伯劳 *Lanius bucephalus*	经济或科研保护
		红尾伯劳 *Lanius cristatus*	经济或科研保护
		棕背伯劳 *Lanius schach*	经济或科研保护
黄鹂科			
	黄鹂属 *Oriolus*		
		黑枕黄鹂 *Oriolus chinensis*	经济或科研保护
椋鸟科			
	椋鸟属 *Sturnus*		
		灰椋鸟 *Sturnus cineraceus*	经济或科研保护
鸦科			
	灰喜鹊属 *Cyanopica*		
		灰喜鹊 *Cyanopica cyana*	经济或科研保护
鹪鹩科			
	鹪鹩属 *Troglodytes*		
		鹪鹩 *Troglodytes troglodytes*	
岩鹨科			
	岩鹨属 *Prunella*		
		棕眉山岩鹨 *Prunella montanella*	
鹟科			
	歌鸲属 *Luscinia*		
		蓝点颏 *Luscinia svecica*	经济或科研保护
	鸲属 *Tarsiger*		
		红胁蓝尾鸲 *Tarsiger cyanurus*	经济或科研保护
	北红尾鸲属 *Phoenicurus*		
		北红尾鸲 *Phoenicurus auroreus*	经济或科研保护

续表

科名	属名	种名	备注
鸫科			
	矶鸫属 *Monticola*		
		蓝矶鸫 *Monticola solitaria*	
	地鸫属 *Zoothera*		
		白眉地鸫 *Zoothera sibirica*	经济或科研保护
	鸦雀属 *Paradoxornis*		
		棕头鸦雀 *Paradoxornis webbianus*	
	蝗莺属 *Locustella*		
		矛斑蝗莺 *Locustella lanceolata*	经济或科研保护
	柳莺属 *Phylloscopus*		
		黄眉柳莺 *Phylloscopus inornatus*	经济或科研保护
		极北柳莺 *Phylloscopus boreais*	经济或科研保护
	戴菊属 *Regulus*		
		戴菊 *Regulus regulus*	经济或科研保护
	（姬）鹟属 *Ficadula*		
		白眉（姬）鹟 *Ficadula zanthopygia*（Hay）	经济或科研保护
		白腹蓝（姬）鹟 *Ficedula cyanomelana*	
		鸲（姬）鹟 *Ficedula mugimaki*（Temminck）	经济或科研保护
山雀科			
	山雀属 *Parus*		
		大山雀 *Parus major*	经济或科研保护
		沼泽山雀 *Parus palustris*	经济或科研保护
绣眼鸟科			
	绣眼鸟属 *Zosterops*		
		暗绿绣眼鸟 *Zosterops japonica*	经济或科研保护
文鸟科			
	麻雀属 *Passer*		
		麻雀 *Passer montanus*	

续表

科名	属名	种名	备注
雀科			
	燕雀属 *Fringilla*		
		燕雀 *Fringilla montifringilla* Linnaeus	经济或科研保护
	金翅雀属 *Carduelis*		
		金翅雀 *Carduelis sinica*	经济或科研保护
		黄雀 *Carduelis spinus*（Linnaeus）	经济或科研保护
	蜡嘴雀属 *Eophona*		
		黑头蜡嘴雀 *Eophona personata*	
		黑尾蜡嘴雀 *Eophona migratoria*	经济或科研保护
	锡嘴雀属 *Coccothraustes*		
		锡嘴雀 *Coccothraustes coccothraustes*	经济或科研保护

附录3 临沂河流湿地公园鱼类、两栖类、爬行类、兽类名录

科名	属名	种名	备注
		鱼纲	
鲤科 *Cyprinidae*			
	青鱼属 *Mylopharyngodon*		
		青鱼 *Mylopharyngodon piceus*	
	草鱼属 *Ctenopharyngoden*		
		草鱼 *Ctenopharyngoden idellus*	
	鳡鱼属 *Elonpichthys*		
		鳡鱼 *Elonpichthys bambusa*	
	马口鱼属 *Opsariichthys*		
		南方马口鱼 *Opsariichthys uncirostris*	
	鱲属 *Zacco*		
		宽鳍鱲 *Zacco platypus*	
	赤眼鳟属 *Squaliobarbus*		
		赤眼鳟 *Squaliobarbus curriculus*	
	飘鱼属 *Parapelecus*		
		银飘 *Parapelecus argenteus*	
	鲂属 *Megalobrama*		
		三角鲂 *Megalobrama terminalis*	
		团头鲂 *Megalobrama amblycephala*	
	红鲌属 *Erythroculter*		

续表

科名	属名	种名	备注
鱼纲			
鲤科 *Cyprinidae*			
		翘嘴红鲌 *Erythroculter ilishaeformis*	
		蒙古红鲌 *Erythroculter mongolicus*	
		戴氏红鲌 *Erythroculter dabryi*	
	红鳍鲌属 *Culter*		
		红鳍鲌 *Culter erythropterus*	
	鳊属 *Parabramis*		
		长春鳊 *Parabramis pekinensis*	
	鲴属 *Xenocypris*		
		银鲴 *Xenocypris argentea*	
	斜颌鲴属 *Plagiognathops*		
		细鳞斜颌鲴 *Plagiognathops microlepis*	
	鳑鲏属 *Rhodeus*		
		高体鳑鲏 *Rhodeus ocellatus*	
		中华鳑鲏 *Rhodeus sinensis Gunther*	
	刺鳑鲏属 *Acanthorbodeus*		
		斑条刺鳑鲏 *Acanthorbodeus taenianalis*	
	白鲢属 *Hypophthyalmichthys*		
		白鲢 *Hypophthyalmichthys molitrix*	
	鳙属 *Aristichthys*		
		花鲢 *Aristichthys nobilis*	
	鲤属 *Cyprinuas*		
		鲤鱼 *Cyprinuas carpio haematopterus*	
	鲫属 *Carassius*		
		鲫鱼 *Carassius auratus auratus*	
	鳍属 *Hemibarbus*		
		唇鳍 *Hemibarbus labeo*	

科名	属名	种名	备注
鱼纲			
鲤科　*Cyprinidae*			
		花𩾌　*Hemibarbus maculatus*	
	麦穗鱼属　*Pseudorasbora*		
		麦穗鱼　*Pseudorasbora parva*	
		稀有麦穗鱼　*Pseudorasbora fowleri*	
	鳈属　*Sarcocheilichthys*		
		花鳈　*Sarcocheilichthys sinensis*	
	似鮈属　*Pseudogobio*		
		似鮈　*Pseudogobio vaillanti*	
	棒花鱼属　*Abbottina*		
		棒花鱼　*Abbottina rivularis*	
	鳅鮀属　*Gobiobotia*		
		鳅鮀　*Gobiobotia pappenheimi*	
鳅科　Cobitidae			
	泥鳅属　*Misgurnus*		
		泥鳅　*Misgurnus anguillicaudatus*	
	花鳅属　*Cobitis*		
		花鳅　*Cobitis taia*	
	沙鳅属　*Botia*		
		黄沙鳅　*Botia xanthi*	
鲇科　Siluridae			
	鲇属　*Parasilurus*		
		鲇鱼　*Parasilurus asotous*	
	鮠属　*Pseudobagrus*		
		黄颡鱼　*Pseudobagrus fulvidraco*	
刺鳅科　*Mastacembelidae*			
	刺鳅属　*Mastacembelus*		
		刺鳅　*Mastacembelus aculeatus*	

续表

科名	属名	种名	备注
鱼纲			
鳗鲡科 *Anguillidae*			
	鳗鱼属 *Anguilla*		
		鳗鲡 *Anguilla japonica*	
合鳃科 *Symbranchidae*			
	黄鳝属 *Monopterus*		
		黄鳝 *Monopterus albus*	
鳢科 *Channidae*			
	鳢属 *Ophicephalus*		
		乌鳢 *Ophicephalus argus*	
丽鱼科 *Cichlaidae*			
	罗非鱼属 *Tilapia*		
		尼罗罗非鱼 *Tilapia nilotica*	
鰕虎鱼科 *Gobiidae*			
	栉鰕虎鱼属 *Ctenogbius*		
		栉鰕虎鱼 *Ctenogbius giruinus*	
攀鲈科 *Anabantidae*			
	斗鱼属 *Macropodus*		
		圆尾斗鱼 *Macropodus chinensis*	
塘鳢科 *Eleotridae*			
	黄黝鱼属 *Hypseleotris*		
		史氏黄 *Hypseleotris swinhonis*	
甲壳纲			
长臂虾科 *Palaemonidae*			
	沼虾属 *Macrobrachium*		
		日本沼虾 *Macrobrachium nipponensis*	
	白虾属 *Leander*		
		秀丽白虾 *Leander modestus Heller*	

续表

科名	属名	种名	备注
甲壳纲			
匙指虾科 *Atyidae*			
	新米虾属 *Neocaridina*		
		中华新米虾 *Neocaridina denticulata*	
	溪蟹属 *Potamon*		
		锯齿溪蟹 *Potamon denticulatum*	
瓣鳃纲			
珠蚌科 *Unionidae*			
	无齿蚌属 *Anodonta*		
		背角无齿蚌 *Anodonta woodiana*	
蚌科 *Unionidae*			
	凡蚌属 *Hjriopsis*		
		三角凡蚌 *Hjriopsis cumingii*	
	冠蚌属 *Cristaria*		
		褶纹冠蚌 *Cristaria plicata*	
蚶科 *arcidae*			
	泥蚶属 *Arca*		
		泥蚶 *Arca granosa*	
贻贝科 *Mytilidae*			
	贻贝属 *Mytilus*		
		贻贝 *Mytilus edulis*	
腹足纲			
阿地螺科 *Atyidae*			
	泥螺属 *Bullacta*		
		泥螺 *Bullacta exarata*（Philippi）	
马蹄螺科 *Trochidae*			
	马蹄螺属 *Trochus*		
		马蹄螺 *Trochus pyram*	

科名	属名	种名	备注
		腹足纲	
盖螺科 *Pomatiopsidae*			
	钉螺属 *Onlomelania*		
		钉螺 *Onlomelania*	
田螺科 *Viviparidae*			
	田螺属 *Cipangopaludina*		
		田螺 *Cipangopaludina chinensis* Gray	
椎实螺科 *Lymnaeidae*			
	罗卜螺属 *Radix*		
		耳罗卜螺 *Radix auricularia*	
	椎实螺属 *Lymnaea*		
		椎实螺 *Lymnaea*	
		两栖纲	
蟾蜍科 *Bufonidae*			
	蟾蜍属 *Bufo*		
		大蟾蜍 *Bufo bufo*	
		花背蟾蜍 *Bufo raddei*	
蛙科 *Ranidae*			
	蛙属 *Rana*		
		黑斑蛙 *Rana nigromaculata*	
		泽蛙 *Rana limnocharis*	
		金线蛙 *Rana plancyi*	
	狭口蛙属 *Kaloula*		
		北方狭口蛙 *Kaloula borealis*	
		爬行纲	
蜥蜴科 *Lacertian*			
	麻蜥属 *Eremias*		
		丽斑麻蜥 *Eremias argus* Peters	
		山地麻蜥 *Eremias brenchleyi* Guenther	

续表

科名	属名	种名	备注
爬行纲			
壁虎科　*Gekkonidae*			
	壁虎属　*Gekko*		
		壁虎　*Gekko swinhonis* Guenther	
鳖科　*Trionychidae*			
	鳖属　*Pelodiscus*		
		中华鳖　*Pelodiscus sinensis*（Wiegmann）	
龟科　*Emydidae*			
	乌龟属　*Chinemys*		
		乌龟　*Chinemys reevesii*	
游蛇科　*Megapodiidae*			
	链蛇属　*Dinodon*		
		赤链蛇　*Dinodon rufozonatum*	
	游蛇属　*Coluber*		
		黄脊游蛇　*Coluber spinalis*（Peters）	
	锦蛇属　*Elaphe*		
		白条锦蛇　*Elaphe dione*（Pallas）	
蝮蛇科　*Viperidae*			
	蝮蛇属　*Agkistrodon*		
		蝮蛇　*Agkistrodon halys*	
哺乳纲			
兔科　*Leporidae*			
	兔属　*Lepus*		
		草兔　*Lepus capensis* Linn.	
鼠科　*Ruridae*			
	鼠属　*Rattus*		
		褐家鼠　*Rattus norvegicus* Berkenhout	
	姬鼠　*Apodemus*		

续表

科名	属名	种名	备注
哺乳纲			
鼠科 *Ruridae*			
		黑线姬鼠 *Apodemus agrarius* Pallas	
	小家鼠 *Mus*		
		小家鼠 *Mus musculus* Linn.	
仓鼠科 *Cricetidae*			
	田鼠属 *Microtus*		
		东方田鼠 *Microtus fortis*	
	仓鼠属 *Cricetulus*		
		大仓鼠 *Cricetulus triton* de Winton	
刺猬科 *Erinaceidae*			
	刺猬属 *Erinaceuse*		
		刺猬 *Erinaceuse europaeus* Swinhoe	
蝙蝠科 *Vespertionidae*			
	蝙蝠属 *Vespertilio*		
		东方蝙蝠 *Vespertilio superans* Thomas	
	伏翼属 *Pipistrellus*		
		伏翼（家蝠） *Pipistrellus abramus*	
	菊头蝠属 *Rhinolophus*		
		小菊头蝠 *Rhinolophus blythi* Andersen	

参 考 文 献

[1] 关于特别是作为水禽栖息地的国际重要湿地公约.
[2] 濒危野生动植物国际贸易公约.
[3] 中日保护候鸟及其栖息环境的协定.
[4] 中澳保护候鸟及其栖息环境的协定.
[5] 生物多样性公约.
[6] 中华人民共和国环境保护法.
[7] 中华人民共和国水土保持法.
[8] 中华人民共和国陆生野生动物保护实施条例.
[9] 中华人民共和国水污染防护法.
[10] 中华人民共和国野生植物保护条例.
[11] 中华人民共和国防洪法.
[12] 中华人民共和国森林法实施条例.
[13] 中国湿地保护行动计划.
[14] 中华人民共和国环境影响评价法.
[15] 中华人民共和国水法.
[16] 中华人民共和国野生动物保护法.
[17] 全国湿地保护工程实施规划（2005—2010）.
[18] 中华人民共和国城乡规划法.
[19] 中国自然保护纲要.
[20] 关于进一步加强自然保护区管理工作的通知.
[21] 中国湿地保护行动计划.
[22] 全国生态环境保护纲要.
[23] 旅游资源分类、调查与评价.
[24] 中共中央国务院关于加快林业发展的决定.
[25] 国务院办公厅关于加强湿地保护管理的通知.
[26] 国家林业局关于做好湿地公园发展建设工作的通知.
[27] 关于做好湿地公园建设工作的通知.
[28] 国家湿地公园总体规划导则.
[29] 中国生物多样性保护行动计划.
[30] 关于加强全省水系生态建设的意见.
[31] 中华人民共和国防洪标准.
[32] 风景名胜区规划规范.
[33] 野生动植物及自然保护区建设工程总体规划（2001—2050）.
[34] 地表水环境质量标准.
[35] 自然保护区工程项目建设标准（试行）.
[36] 中国湿地保护工程规划（2002—2030）.
[37] 中国湿地保护工程实施规划（2005—2010）.
[38] 国家湿地公园建设规范.
[39] 国家湿地公园评估标准.
[40] 国家湿地公园总体规划导则.

[41]　国家湿地公园管理办法.

[42]　山东湿地保护工程规划 (2006—2020).

[43]　山东省湿地公园管理办法.

[44]　山东省湿地保护工程实施规划 (2011—2015 年).

[45]　临沂城市总体规划 (2005—2020).

[46]　临沂市城乡规划管理办法.

[47]　临沂旅游发展总体规划修编.

[48]　临沂市红色旅游总体规划.

[49]　临沂市村镇规划建设管理暂行办法.

[50]　临沂城市旅游目的地总体规划.

[51]　临沂市土地利用总体规划 (2006—2020 年).

[52]　临沂市国民经济和社会发展第十二个五年规划纲要 (草案).

[53]　临沂市近期建设规划 (2011—2015 年).

[54]　山东省郯城县城市总体规划 (2008—2025 年).

[55]　郯城县土地利用总体规划 (2006—2020 年).

[56]　临沭县旅游发展总体规划 (2007—2020 年).

[57]　临沂市临沭县土地利用总体规划 (2006—2020 年).

[58]　兰山区土地利用总体规划 (2006—2020 年).

[59]　兰山区旅游发展总体规划 (2007—2020 年).

[60]　河东区旅游发展总体规划 (2007—2020 年).

[61]　临沂市河东区土地利用总体规划 (2006—2020 年).

[62]　建设项目前期工作咨询收费暂行规定.

[63]　全国统一市政工程预算定额.

[64]　工程勘察设计收费管理规定.

[65]　招标代理服务收费管理暂行办法.

[66]　投资项目可行性研究指南.

[67]　自然保护区工程项目建设标准.

[68]　公路工程概算定额.

[69]　山东省园林绿化工程价目表.

[70]　旅馆建筑、办公建筑、商店建筑技术经济指标.

[71]　建筑工程监理与相关服务收费管理规定.

[72]　建筑工程技术经济参考指标.

[73]　山东省建筑工程概算定额.

[74]　肖可.城市河流型湿地公园生态修复探讨 [D].重庆：西南大学，2017.

[75]　陈颖.河流湿地公园建设与管理模式研究 [D].北京：北京林业大学，2012.

[76]　付海涛.潍坊市河流生态湿地规划建设体系研究 [D].杨凌：西北农林科技大学，2011.

[77]　王浩.城市湿地公园规划 [M].南京：东南大学出版社，2008.

[78]　吴后建，但新球，舒勇，等.中国国家湿地公园：现状、挑战和对策 [J].湿地科学，2015，13 (3).

[79]　但新球，但维宇，冯银，等.湿地公园保护设计：对象、内容、技术措施 [J].中南林业调查规划，2011，30 (4).

[80]　王立龙，陆林.湿地公园研究体系构建 [J].生态学报，2011，31 (17).

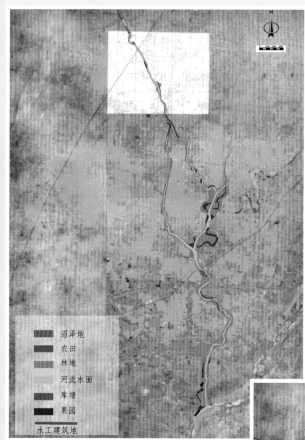

图例：
沼泽地
农田
林地
河流水面
库塘
果园
水工建筑地

（a）土地利用现状图

（b）资源分布现状图

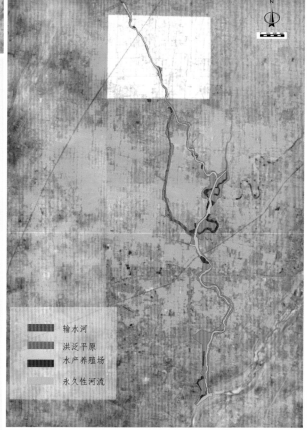

图例：
输水河
洪泛平原
水产养殖场
永久性河流

彩图1
临沂市汤河省级湿地公园总体规划

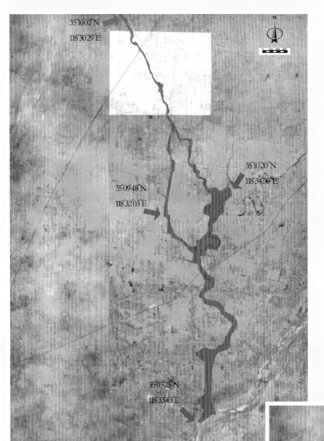

（c）公园边界图

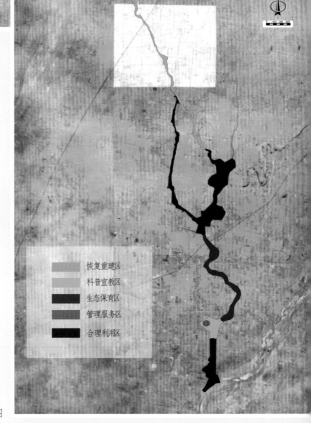

	恢复重建区
	科普宣教区
	生态保育区
	管理服务区
	合理利用区

（d）功能分区图

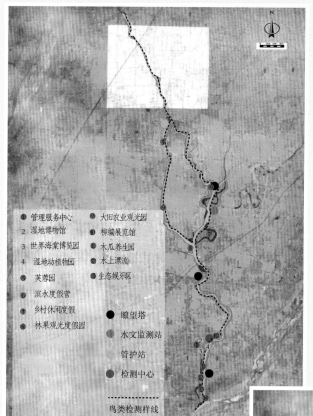

（e）总体规划布局图

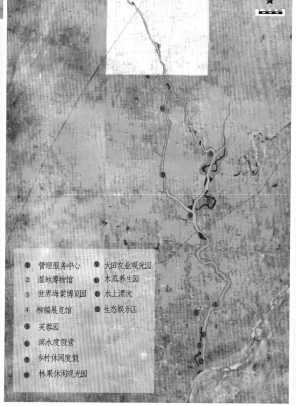

（f）生态旅游规划图

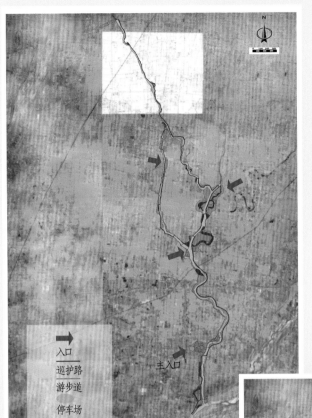

入口
巡护路
游步道
停车场

主入口

（g）道路交通布局图

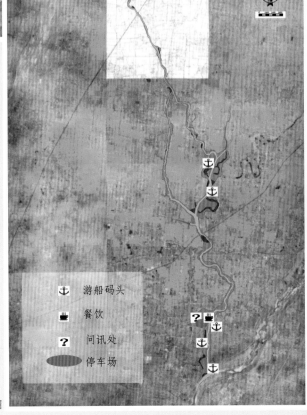

游船码头
餐饮
问讯处
停车场

（h）旅游设施规划图

彩图2 临沂祊河省级湿地公园总体规划

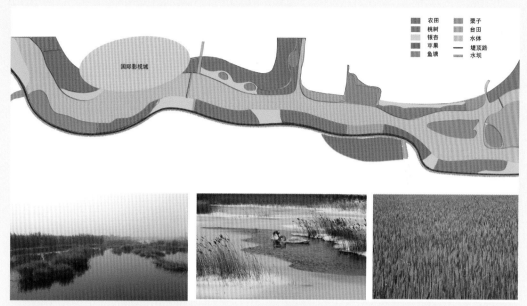

（a）自然资源分布图

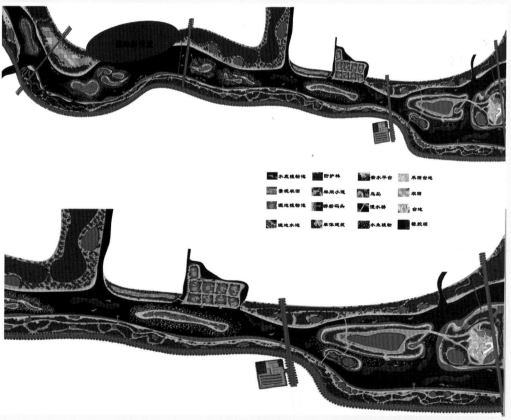

（b）总体规划布局图

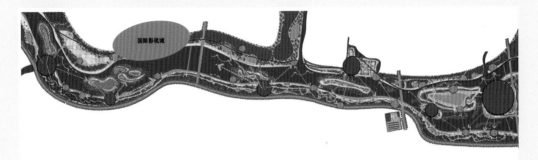

内河湿地视域
滨河视域
景观视线
一级景观节点
二级景观节点
三级景观节点

（c）生态旅游规划图（景点）

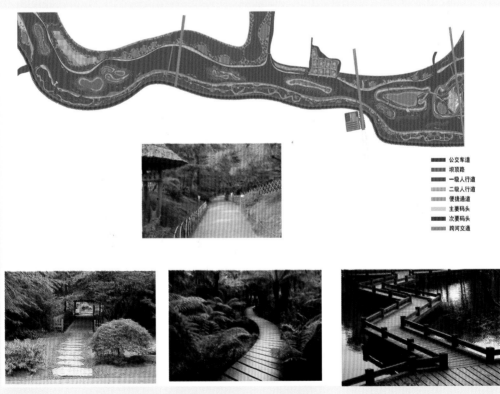

公交车道
埠顶路
一级人行道
二级人行道
便捷通道
主要码头
次要码头
跨河交通

（d）交通规划图

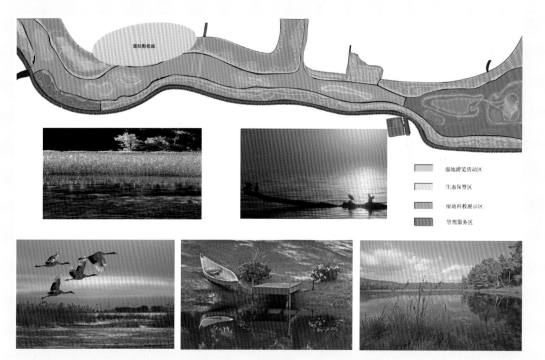

国际影视城

湿地游览活动区
生态保育区
湿地科教展示区
管理服务区

（e）功能区划图

彩图 3　临沂苍源河省级湿地公园总体规划

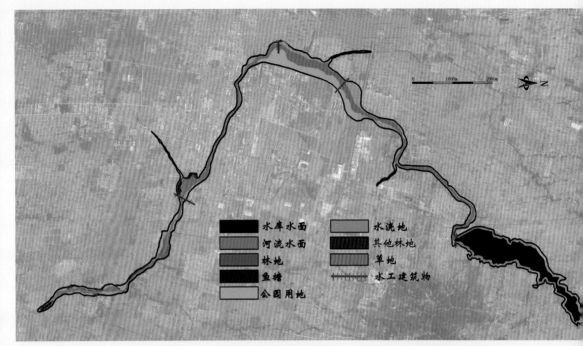

（a）土地利用现状图

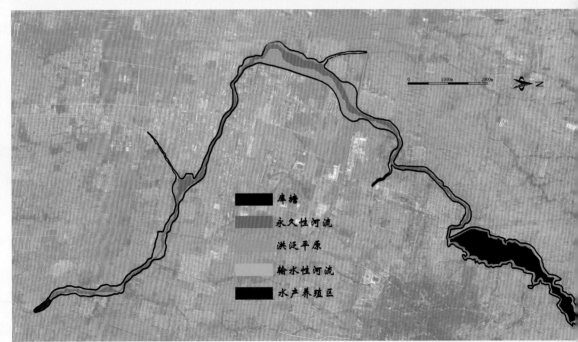

（b）资源分布现状图

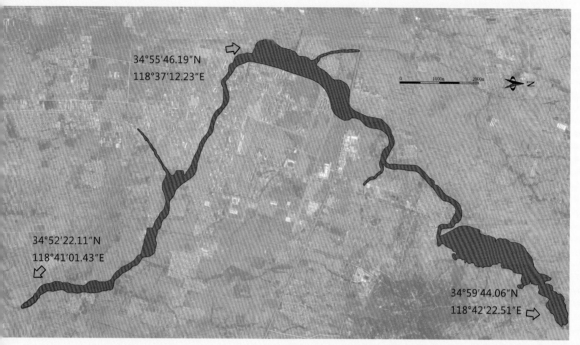

34°55'46.19"N
118°37'12.23"E

34°52'22.11"N
118°41'01.43"E

34°59'44.06"N
118°42'22.51"E

（c）公园边界图

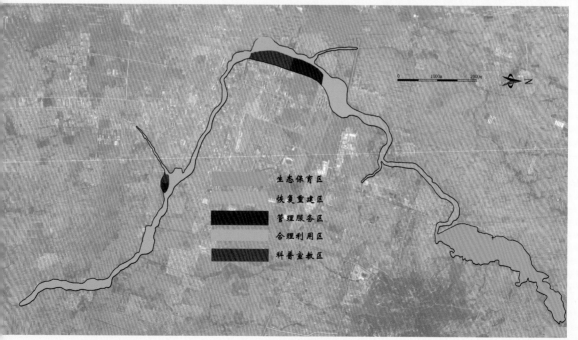

生态保育区

恢复重建区

管理服务区

合理利用区

科普宣教区

（d）公园分区规划图

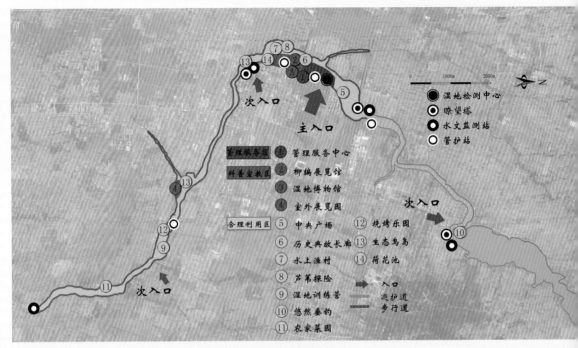

（e）总体规划布局图

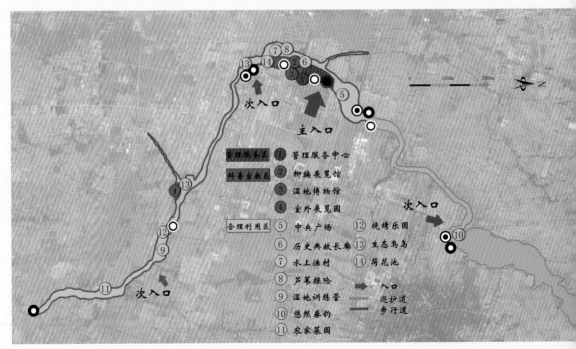

（f）生态旅游规划图

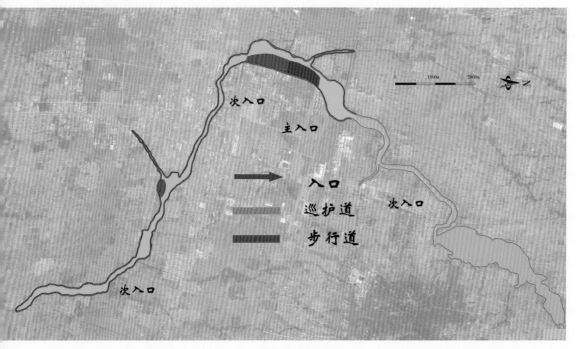

（g）道路交通规划图

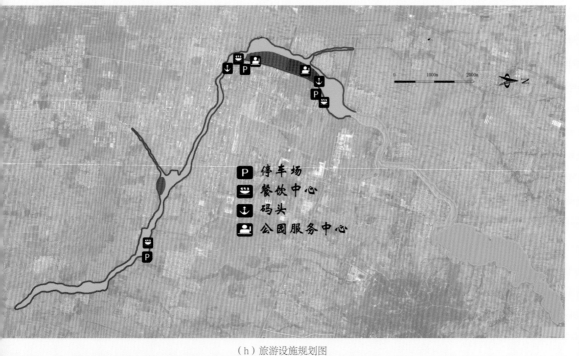

（h）旅游设施规划图

彩图 4　临沂白马河省级湿地公园总体规划

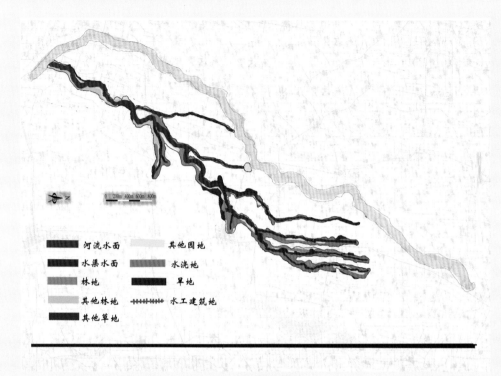

河流水面　　　其他园地
水渠水面　　　水浇地
林地　　　　　旱地
其他林地　　　水工建筑地
其他草地

（a）土地利用现状图

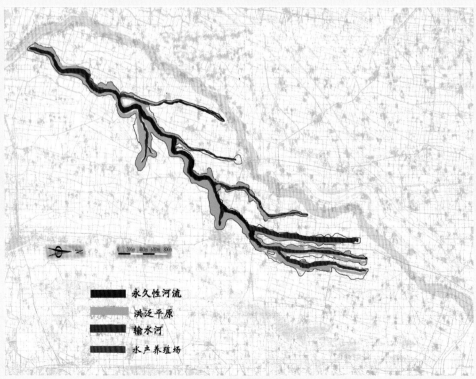

永久性河流
洪泛平原
输水河
水产养殖场

（b）资源现状分布图

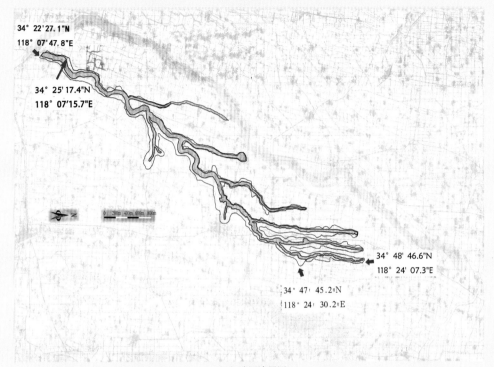

34° 22'27.1"N
118° 07'47.8"E

34° 25'17.4"N
118° 07'15.7"E

34° 48' 46.6"N
118° 24' 07.3"E

34° 47' 45.2"N
118° 24' 30.2"E

0 200m 400m 600m 800m

（c）公园边界图

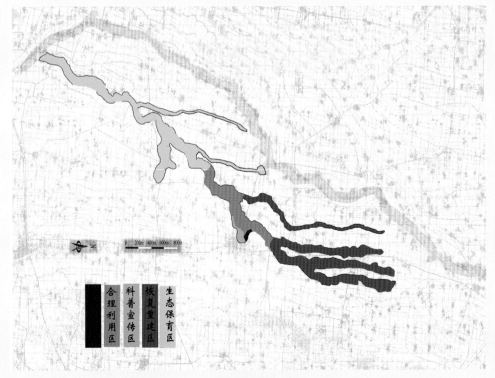

0 200m 400m 600m 800m

合理利用区　科普宣传区　恢复重建区　生态保育区

（d）公园分区规划图

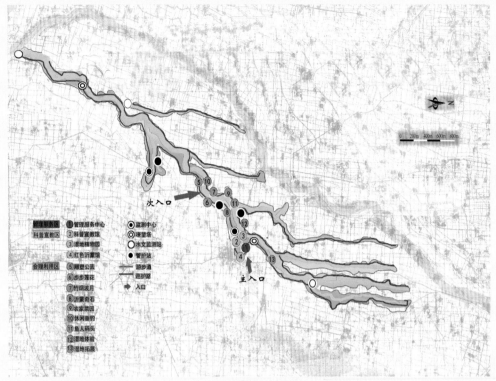

（e）总体规划布局图

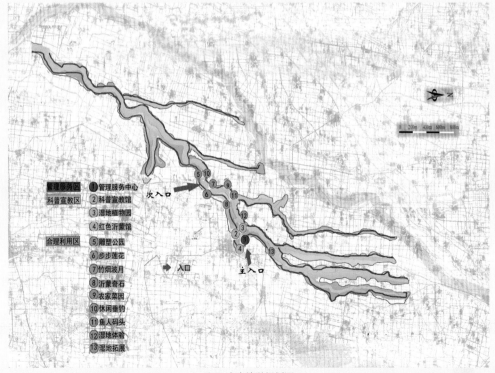

（f）生态旅游规划图

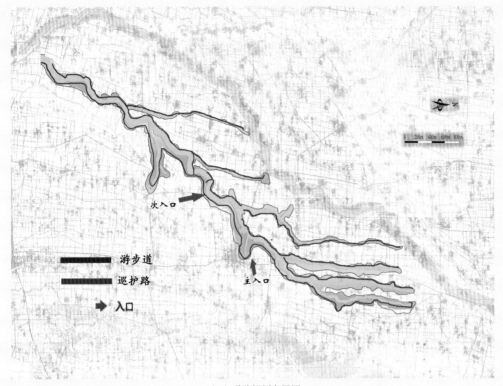

游步道

巡护路

入口

次入口

主入口

（g）道路规划布局图

? 湿地公园服务中心

P 停车场

码头

X 餐饮

（h）旅游设施规划图

彩图5　临沂李公河省级湿地公园总体规划

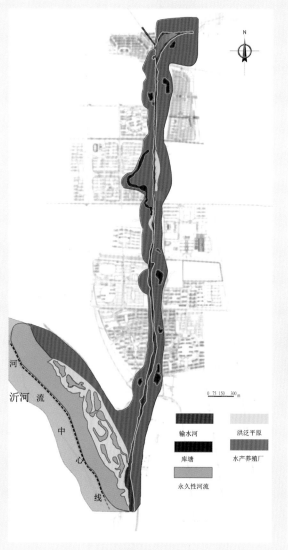

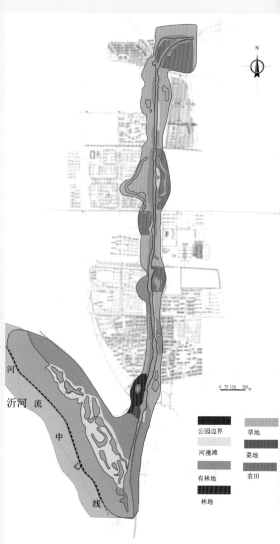

（a）资源现状分布图　　　　　　　　　　　　　（b）土地利用现状图

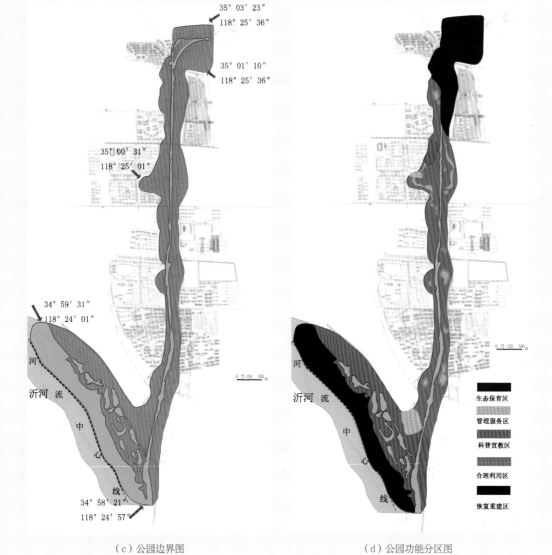

35° 03′ 23″
118° 25′ 36″

35° 01′ 10″
118° 25′ 36″

35° 00′ 31″
118° 25′ 01″

34° 59′ 31″
118° 24′ 01″

河
沂河 流
中
心
线

34° 58′ 21″
118° 24′ 57″

0 75 150   300 m

（c）公园边界图

河
沂河 流
中
心
线

0 75 150   300 m

生态保育区
管理服务区
科普宣教区
合理利用区
恢复重建区

（d）公园功能分区图

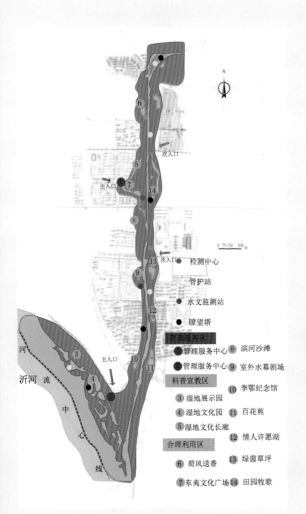

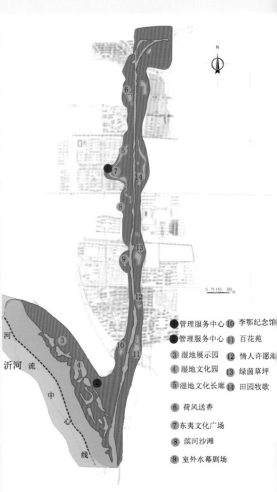

（e）总体规划布局图　　　　　　　　　　（f）生态旅游规划图

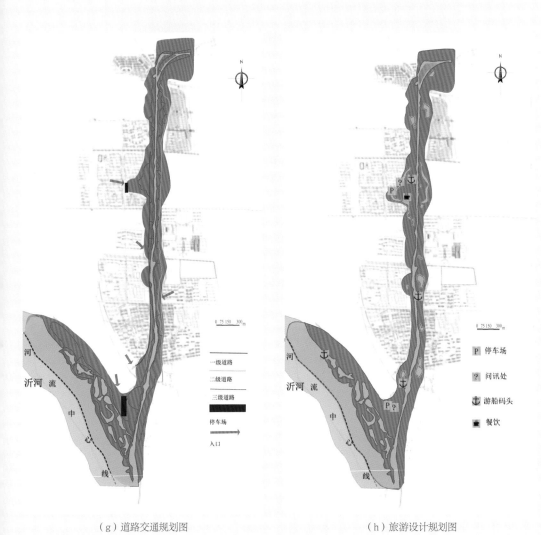

河 沂河 流 中 心 线

0 75 150 300 m

一级道路
二级道路
三级道路

停车场

入口

（g）道路交通规划图

河 沂河 流 中 心 线

0 75 150 300 m

P 停车场

? 问讯处

⚓ 游船码头

■ 餐饮

（h）旅游设计规划图